U0259034

悦 读 阅 美 · 生 活 更 美

女性时尚生活阅读品牌

□ 宁静　　□ 丰富　　□ 独立　　□ 光彩照人　　□ 慢养育

JING
静 老 师
形象提升系列

选对色彩 穿对衣

/ 珍 藏 版 /

王静 著

漓江出版社

作者简介
王静

　　著名形象顾问专家，"形象平衡理论"创始人，"自然光色彩工具"发明人，中国实战形象顾问行业领军人物、"环球小姐"中国区大赛评委，现任北京典雅静界形象管理学院院长，北京大学、清华大学、中国人民大学等高校"形象管理课程"授课专家。

　　2005年成功研发"自然光"测色工具，为中国形象管理行业提供了超级实用的色彩测评途径。

　　以权威的课程设计、专业的实战指导，在形象顾问行业享有盛誉。多年来，一直坚守在专业形象顾问教学工作第一线，培养了近万名专业形象顾问。

　　持续专注研究"亚洲人的色彩和形体"等形象特征，并结合大量实践案例，形成了适合中国人的服饰体系，刷新了现代中国女性形象美学观念。

静老师微博
http://weibo.com/wangjingxxgw
扫一扫，加入为中国女性量身打造的形象圈

静老师公众号
bjdyjj
扫码关注，掌握最新形象资讯、了解近期课程安排

静老师微信号
yangguang539193
扫一扫，快速私信静老师

　　我是"被定义"在时尚圈的人，不论是网络红人推荐，还是媒体或品牌的合作，都会把我称为"时尚专家"。可我更愿意把自己定义为"生活美学"的倡导者、传播者，同时也是帮助读者和学生寻找自我风格的导师。

　　对于我来说，风格比潮流更重要，它与体形、性格、工作环境、个人喜好等多种因素息息相关。可可·香奈儿说"时尚易逝，风格永存"，希望我能通过专业知识和多年的研究与教学经验，来帮助热爱美好生活的人探索并拥有属于自己的风格——或优雅、或浪漫、或艺术、或自然……成为能自信面对自己，也得体面对他人的人。

　　2010 年出版《选对色彩穿对衣》，我就出于这样的初衷。因为市场反响强烈，我又趁热打铁出版了《识对体形穿对衣》。2017 年年初，这两本书的选题策划人符红霞老师找到我，提醒我说，迄今为止，这两本书累计再版已经超过了 20 次，在国内的时尚书籍中实在太罕见了！因此希望能出一套珍藏版。

　　这于我，是莫大的肯定与鼓励。这些年来，我不断从社交媒体获得读者的反馈，各大网上书店中，几万条读者评论我几乎是一字不落地看完。我发现，这两本书之所以得到这么多人的认可，正是因为我关注的是最基础的美学观念，是和日常最为贴近的生活美学，是每一天甚至每一时都会用到的美学常识，只要看了、做了，形象就会实实在在地发生变化。

　　这次的珍藏版采用了不少来自网上的建议，增添了在教学中大家常问到的内容，并对一些值得商榷的表述进行了修改，谢谢大家的支持！也感谢一直关注我、支持我的符老师、张芳、乌玛，以及阳光老师，感谢你们一路的陪伴和鼓励，我会一直在"美美与共"的路上，坚定地前行。

目录
Contents

part 01

识色
初识色彩篇

要想知道自己穿什么颜色好看，首先要学会辨别色彩。只有正确掌握色彩知识，才能在多姿多彩的服饰中精准地找到最能"帮衬"你的颜色。

测色
色彩测试篇

part
02

究竟什么颜色才最适合自己呢？适合每个人的色彩都有百种以上，而属于你的100种色彩究竟是哪些？

part 03

穿色
穿衣用色建议篇

中国人的色彩分型有六种，你属于哪一种？本章以肤色为中心，对邻近衣着的色彩给出建议。这里的穿衣用色建议涵盖衣着色彩、化妆色、染发色、眼镜色等等。

part *04*

配色
色彩搭配实践篇

找到适合自己的那些颜色之后，应该如何搭配？本章教你成为全面的服饰色彩达人。你的本领要延展到全身的色彩搭配，包括上下装、帽子、围巾、鞋子、包包等所有衣饰的搭配！

part *05* 变色
变色彩换形象篇

对于色彩，我们常常见异思迁。本章教你怎样实现百变百搭，让心仪已久的色彩上身。找对方法你可以随心所欲地穿着所有的色彩，百变色彩随心而动。

原版推荐序

我的父亲是岭南派的国画家，从小我就深受他的影响，对色彩、平衡、比例特别敏感。我的母亲也是很会穿衣打扮的人。能从小就受到来自家庭的美学教育，是我的幸运。

"美"确实是要学习的。遗憾的是，在中国，并不是每个人都能受到来自父辈的美育，其中最简单也最重要的知识，就是色彩。就拿买衣服来说，我第一关心的，就是颜色。如果颜色不适合我，那就算质地再好、做工再精良，再是什么大牌子，我也不会去穿！

所以我创立了羽西品牌化妆品，除了优质的保养品之外，我在彩妆方面下了很多功夫、做了很多研究，也推出了第一张适合亚洲人穿着与化妆的配色表。但我做得最多的工作，就是去普及如何认识色彩、利用色彩，如何能通过色彩让自己看上去更漂亮，更有自信。

色彩对人们的生活有深远影响。了解之后你会发现，不仅穿衣打扮用得上这些知识，在工作中、家居生活方面，都能用得上——你在做 PPT 的时候，知道如何配色；你在布置房间的时候，知道如何搭配；甚至是你在做菜的时候，也明白该用什么颜色的器皿去装饰！

很高兴王静老师也在做推广美、普及美的工作。她自幼习画，美术学院科班出身，在形象顾问行业的一线做过很多年。我认为王静老师是中国最具专业实力的形象顾问专家之一，她的专业知识和实践经验注定让这本书成为你在色彩方面的好帮手！不少电视节目、杂志和图书中，今天说穿红，明天说穿绿，它们说的是流行；但王静老师是以美学为基本导向的，学到的是基础的、正确的美学观，这些才是真正的知识——可以自己用，可以感染周围的人，可以教给下一代，甚至下两代！

关于色彩的知识是很有趣的，希望你学得多，也用得多，让你的生活变得多姿多彩！

靳羽西
Yue Sai Kan

原版自序

形象是个大家庭，它包含诸多元素：色彩、款式、体形、材质、搭配、风格等。在一个完美的形象中，每个因素都要发挥到最佳状态。

如果把形象比作一场戏，那么色彩就是这场戏的主角。色彩是形象中最抓人眼球的元素，色彩的视觉穿透力，对于快速提升形象有事半功倍的作用。

关于色彩，人们常有疑惑，哪些色彩最适合自己？哪些色彩是穿衣的禁忌？衣服、丝巾、染发、首饰的色彩该怎样选择？明明商场试穿时很满意的颜色，为什么回到家后就再也找不到感觉……于是我决定写这样一本书来帮助大家获得答案，从慧眼识色到详细测色，再到测色后的善用配色，最后到色随心动的百变色彩，真正走进"人穿色"而非"色穿人"的衣着用色全新境界。

这本书实现了我的四个心愿：

美丽的礼物

女人总是把自己的重要性摆在丈夫和孩子之后，全心全意地为家庭默默付出，忘了自己曾经拥有的美丽。许多过了35岁的女士感叹"岁月催人老"时，才明白其实美丽真正掌握在自己手中。这本书就是我送给"想变美丽"的人的礼物，更是女人送给女人的礼物。

全面的指导

近年来，人们对于穿衣装扮在色彩、款式、搭配等诸多方面有了普遍的认知。然而"多则惑，少则明"，百家争鸣的美丽观点和朦胧含糊的衣着概念，像散落的珠子填满了人们的头脑，大家对于穿衣用色依然手足无措。本书中的平衡色彩原理，将穿衣用色的知识梳理归类，探索出一套穿衣用色的解决方案。

轻松的读本

这些年，我在形象讲座现场，常常听到朋友们讲述自己如何用衣着改头换面的故事。我把这些故事都收集在了日记中。这些故事真实有趣、简单易懂，从另一个角度记录了色彩在实际生活中的运用。我把这些故事写入了本书，期待读者在感同身受中，学会正确的穿衣用色技巧。

恒久的附赠

实现色彩理论及运用的普及，并研发一套实用、实惠的测色工具，是我多年的心愿。本书附赠的测色工具可让更多的朋友随时随地跟踪肤色和发色的改变，测试出更多穿衣的新色彩。

这些年，在讲座现场，我记不清曾多少次被渴求"美丽"的面容所感动。曾有一位优雅得体的七旬长者对我说："我喜欢所有的色彩，我期待更美丽，因为我爱生活。静老师，谢谢你，你的美丽讲座，使我受益良多，这是女儿刚刚为我买的外套，你觉得适合我吗？请告诉我，还要怎样做，才能更好！"这位老人的美丽境界让我深深感动，我说："是我该向您学习，感谢您带给大家的美丽！"这些都是让我坚持终身从事形象顾问职业的动力！

从外在到内在，从个人到周围，不同年龄、不同文化会造就不同的美。因为秉持这一理念，我致力于给形象注入更多的内涵。中国人讲求精神世界的美，而我的形象工作追求让更多的人发现属于自己独特的美。不要抱怨或期待改变肤色，因为这正是你独一无二的形象特质。只要选择到适合的色彩，肤色的健康红润将带给你无限的自信魅力。我坚信，每个女人都能够美丽一生！中国女性，你有能力让自己变得更美！中国人改变中国，形象改变你我！我将帮助大家实现梦想，展示美丽！

要想知道自己穿什么颜色好看，首先要学会辨别色彩——不仅能准确叫出它的名字，还要了解它的属性，特别是能分辨它的"冷暖"。只有正确掌握色彩知识，才能在多姿多彩的服饰中精准地找到最能"帮衬"你的颜色。有了这样的本领，面对变化莫测的流行趋势，你就能始终保持清醒，不再被时尚潮流牵着鼻子走，而是拥有独具特色的自我风格。

part 01

识色
初识色彩篇

01

用色彩唤醒你的眼睛

Awaken eyes by color

如果你在自己的心中找不到美，那么，你就没有地方发现美的踪迹。

——宗白华《美学散步》

美丽奇秀的自然风景、纷繁流动的人潮、钢筋水泥的都市丛林……无论何时何地，双眼总让我们看到充满色彩机能的美丽世界。色彩通过眼睛反馈给大脑，让大脑感知色彩的能量，色彩处处赋予世界美丽的面容，在揭开衣着用色的秘密前，用眼睛"识色"就成为最重要的第一课。

琳琳是个孝顺女儿，在香港旅游时想为远在故乡的妈妈买件衣服，又担心老妈不满意，便在结账前特意给妈妈打个电话确认："妈，给您买了件羊绒外套，大概到膝盖那么长，黄颜色的。"妈妈对于颜色有些犹豫："黄色会不会显得太艳了？"女儿很有信心地说："再换就只有黑色了，您的衣服都是黑色，换个颜色穿穿看，没问题的！我看旁边一位香港老太太穿着很好看，特显年轻！"

一周后，当琳琳把这件羊绒外套交给妈妈的时候，妈妈惊呼道："这怎么是黄色呢，这不是橙色吗？"琳琳一脸疑惑："这不就是黄色吗？橙色应该再红一点呀……"

这是在我的色彩讲座现场，一位听众分享的真实故事。这位妈妈当时就穿着这件外套，准确地说应该是"黄橙色"，在广告色中叫"中黄色"。故事的结尾还是皆大欢喜的，因为衣服的实际颜色比想象中的"黄色"更适合这位母亲的皮肤。生活中，人与人之间因对色彩识别的差异而产生的误会还有很多，透视出正确识别色彩是多么重要。识色，正是学习穿衣用色的第一步！

下面这些色块，你能否准确叫出它们的名字？

容易出现差错的色彩名称，往往是介于两种颜色之间的"含糊色"。比如介于蓝、绿之间的色彩"松石色"，有人称为"松石绿"，有人称为"松石蓝"，就是因为这个颜色既像蓝色又像绿色，非常含糊。当你学习了色彩的冷暖分类，就会发现它其实是"冷绿色"，叫"松石绿"最正确。

所以，学习并掌握色彩性能，就能锻炼出良好的色彩敏感度。

我们生活的空间因为五彩缤纷而流光溢彩、绚丽生动，同时我们也在运用色彩创造和丰盈着视觉形象，为美丽的世界添色加彩。让我们一起用色彩唤醒所有人的眼睛！

小贴士✚

通过眼睛记录身边的自然界景物来认识色彩，是最简单易用的好方法。比如用柠檬来记忆"柠檬黄"，用紫罗兰花来记忆"紫罗兰色"，还有美丽的景色：湖蓝、海蓝、翠绿、土红，以及清晨海上升起的太阳色"曙红色"，这些色彩全部来自生活，非常亲切好记。

你还可以观察经典品牌的LOGO色，大品牌的宣传广告上经常出现固定的专用色，以保证品牌色彩的一致性，比如你可以用"中国移动"的蓝色LOGO来记忆青蓝色。

02

先声夺人的色彩

Sound loaded by color

一幅画首先应该表现颜色。

——塞尚

我小时候，常被妈妈带去看画展。妈妈每次总不忘叮嘱我要"远看色，近看形"。远远望去，一幅绘画作品第一眼吸引人的一定是色彩，对于衣着更是如此！想叫出人群中不认识的人时，最常说的就是类似"穿橙色上衣的那位先生"的话，你想过其中的原因吗？

色彩感觉离不开光，有光才有色，光色并存。光的传播速度有多快，色到达眼睛就有多快。色彩第一时间进入人们的视觉，让人产生第一印象，这叫作"第一视觉艺术"，所以在个人形象中，首先吸引眼球的就是色彩，人们总是先注意到色彩，再关注尺寸、款式、面料等其他细节。

就像时尚界权威人士靳羽西女士，一提起她，公众牢记的永远是红衣和红唇，这不仅因为她在公众场合经常以红色衣物示人，更因为红色是波长最长的颜色，最容易被人发觉并记忆。所以，色彩无疑是形象塑造的先锋元素，如果你能对色彩充分了解和正确运用，那在穿着打扮方面已经可以打80分了！

小贴士✚

选购丝巾，首先要考虑整体的颜色。那些即便有花纹却能立刻分辨出主色的丝巾最实用；而花花绿绿一大片，像打翻了颜料罐的丝巾，就算图案再精美也不值得投资。

03

无光即无色
No color without light

日出江花红胜火，春来江水绿如蓝。
——白居易《忆江南》

有一个脑筋急转弯的问题："西瓜在切开之前里面是什么颜色？"

正确答案是：没有颜色，因为西瓜没切开，里面照不到光。

没有太阳，就无法感知青山绿水、红日白云，也不会有美丽的面容、多彩的衣装。在漆黑无光的夜晚，再好看的色彩都不存在；只要光线由强变弱，再明亮的色彩也会黯淡无华。色彩是什么？色即是光，光即是色，无光则无色。色彩是由光的物理性质所决定的，光波的长短形成了色相（也就是颜色），不同的波长产生不同的色相。比如光波最长的形成了红色，最短的形成了紫色。

光射向衣物后，衣物本身反射光决定了衣物的色彩。当物体完全反射光，就会呈现为白颜色；当物体完全吸收光，就会呈现为黑色。

有人对世界上4000多种花的颜色进行统计，发现只有8种"黑花"，而且它们还不是地道的黑色，只是深蓝紫或深红偏黑罢了。为什么自然界中没有真正黑色的花？植物学家会用一大堆的花瓣色素理论解释。

从色彩学的角度看，原因很简单——黑色花朵百分之百吸光，花瓣会因为表面温度过高而难逃毙命的厄运。

小贴士+

在夏季穿着浅色衣物固然觉得凉快，但因为浅色衣服是全反光的，反射光会把面部晒黑，所以对于爱美又怕晒黑的朋友来说，夏天穿红色的衣服反而更合适。

04

色彩的相貌

Different aspect of color

色彩的感觉是一般美感中最大众化的形式。个人整体形象作为大众艺术的一个表现形式，离不开色彩这一特殊的表现力。

——马克思

想要衣着出彩，先要记住的一个词是"色相"。色相即色彩的相貌，用以辨别颜色的差异。描述各国国旗时，我们会说，德国是红、黄、黑，意大利是红、白、绿，这些颜色的名字就是色相。前面讲到的"黄色羊绒外套"的小故事，其实就是有关色相的例子。

我们眼睛所能辨别的色彩数不胜数，目前已知有名字的色彩达上千万种之多，用于商业用途的超过50万种。不过，最基本的色相只有6个，由"三原色"——红、黄、蓝和"三间色"——橙、绿、紫组成，即红、橙、黄、绿、蓝、紫。

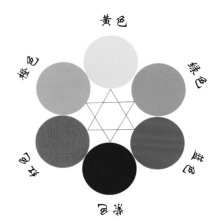

彩虹的"赤橙黄绿青蓝紫"是广为流传的七色谱。1704年，牛顿在他研究的色彩理论《光学》一书中提到这个七色谱。300多年过去了，这个色谱已被色彩学家多次修正并推陈出新。新一代色相环更加系统、科学、多样：在牛顿色环的基础上将青色和蓝色合并为蓝色，6色相环两两邻近的色彩第二次混合就会生成12色相环，以此类推可获得24色相环、100色相环，甚至更多。

许多色彩学家或形象顾问的工作室中，都挂着色相环。如果你能像艺术家、画家一样将色相印在脑海里，就太棒了！

小贴士✚

1666年，牛顿用三棱镜进行实验时，发现了白光是由各种不同颜色的光组成的，从而奠定了光谱学的基础。这位伟大的物理学家擅长拉小提琴，他深信色彩与音乐之间有着对应关系，于是把美丽的彩虹光带解读为红、橙、黄、绿、蓝、靛、紫七种颜色，如同七个音符。直到今天，许多科学家还在深入研究"音乐与色彩"之间的关系，而太阳的七色光谱自牛顿定义以来一直沿用至今。

　　前些年的彩妆流行色中有一个介于绿和蓝之间的色彩——美容顾问说这是绿色，因为公司发货单上写着"孔雀绿"，可顾客却非常认真地说："这怎么会是绿色呢，分明是蓝色！"

　　如果一定要细究，可以拿出典型的蓝色和绿色的眼影与这个颜色比照，看看这款名叫"孔雀绿"的颜色到底是更接近蓝色还是绿色。

绿色　　　　　　　　孔雀绿　　　　　　　蓝色
　　　　　　　　蓝绿色（蓝味绿）

　　如果今后你在辨别颜色时出现困扰，也可以使用比对的方法，看它到底更像红橙黄绿蓝紫六大色彩家族中的哪一个，更应该归入哪个色相，而色彩名字的尾字就是色相名（家族标识）。例如紫红色是红色相，红紫色则是紫色相。

紫红色（紫味红）　　　　　　红紫色（红味紫）
红色相中微微有点紫色的味道　　紫色相中微微有点红色的味道

05

地球人都知道的"三原色"

Three-primary color

　　生活中我们能够看到的许多颜色都是通过色与色的混合获得的，例如：淡黄色是黄色与白色混合调出的，棕色是橙色与黑色混合调出的。然而，有三个颜色永远不会由其他颜色混合出来，那就是"红、黄、蓝"，即"原始色"，简称"原色"（primaries）。

　　换言之，没有这三个颜色，就不会有缤纷多彩的色彩家族。将三个原色两两混合，即可获得三个新色彩——橙、紫、绿，被称为"间色"（secondaries），直译即"第二次色"。依据调和顺序首尾相连即可获得六个色彩——红、橙、黄、绿、蓝、紫。

小贴士✚

荷兰画家凡·高，在贫病交加的最后日子里，没有更多的钱买颜料，所以他只买五种颜色：红色、黄色、蓝色、黑色、白色，却并不妨碍他完成绚丽多彩的绘画作品，其中原色的选择是至关重要的。因为黄色是最廉价的，所以凡·高的作品多为金黄色调，后人称为"凡·高的颜色"。

原色和间色：红、黄、蓝，橙、绿、紫

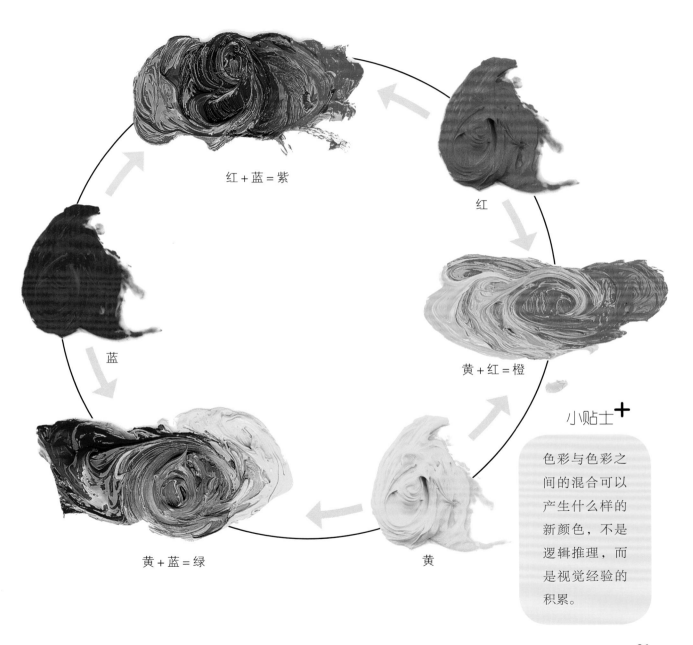

红 + 蓝 = 紫

红

蓝

黄 + 红 = 橙

黄 + 蓝 = 绿

黄

小贴士✚

色彩与色彩之间的混合可以产生什么样的新颜色，不是逻辑推理，而是视觉经验的积累。

06

有彩色和无彩色

With or without colors

胶卷分为黑白和彩色，电影也有黑白和彩色之分。色彩王国的成员也可以分为两大家族——无彩色系和有彩色系。这是多年以来色彩学者们的共识。简单地讲，无彩色就是黑、白、灰，有彩色是黑白灰之外的颜色。

了解有彩色和无彩色在我们进行服饰搭配时非常有用，稍稍延伸一下就可以将服饰色彩分为两大类——中性色和点缀色。

中性色又称基本色，包含无彩色（黑、白、灰）和一些色相模糊、不鲜艳的有彩色（低纯度色彩）。比如米色，有点红又有点黄，整个感觉又像是白色，很难一下子看出它属于红橙黄绿蓝紫中的哪个色相家族。类似的情况还有茶色、驼色、棕色、咖啡色、栗色、褐色，以及所有近似黑色的深蓝色、藏青色，它们都属于中性色。

中性色最大的特点是，单独穿着时有点不起眼，不注重搭配的话会显得缺乏生气。但如果将中性色用来搭配穿着，它们会展现出惊人的搭配表现力。同时，中性色都很经典，不太受流行色的影响，就算很多年过去，再穿上也不会过时。

点缀色家族，包含红、橙、黄、绿、蓝、紫等明艳的有彩色，即中性色以外的全部色彩。这些色彩穿着效果鲜艳夺目，在服饰搭配中最能体现时尚潮流，当然，越时髦的颜色也越容易过时。

在我的形象课堂上曾有一位学员是清华在读女研究生，个子不算高，但形象气质俱佳，我判断她不是校花也是班花，一定不乏追求者。天生丽质又爱漂亮的她一来就向我抱怨，买了好几柜子的衣服，什么颜色的都有，可还是觉得没衣服穿！

后来，她从家里带来一些衣服，都是她喜欢的颜色，五颜六色摆了一大桌。看着她这些衣服，我发现一个重要问题，那就是除了白色，没有任何中性色，连黑色都找不到。她说："我最不喜欢黑色了，太压抑。"我问："那中性色呢？那些能够包容很多色彩，很方便搭配的颜色，比如米色、卡其色、驼色、棕色、咖啡色、深蓝色……"她说："灰突突的，没个性。"

这就是她觉得"没衣服可穿的"症结所在——没有中性色，衣服会很难搭配；中性色就像配角，没有它们，主角是烘托不出来的。

我对她说："你买来的漂亮颜色，个个都想当主角，所以搭配起来才这么困难。"一句话点醒梦中人，离开课堂后她马上去买了一堆中性色的打底衫、开衫、配饰。她终于明白：没有那些低调平和的中性色，其他色彩怎么能明艳动人呢？

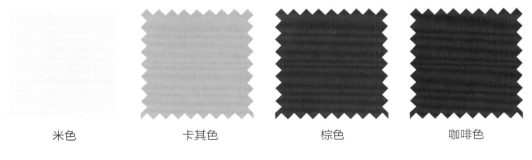

| 米色 | 卡其色 | 棕色 | 咖啡色 |

小贴士 ✚

中性色能与大多数色彩和谐搭配，它有缓解强烈对比效果的作用，所以打底衫通常都是中性色，有"百搭"效果的开衫、鞋子之类的服饰也都是中性色的。如果你要买昂贵的羊绒大衣或是鳄鱼皮手袋，考虑到利用频率，挑选中性色是比较明智的。

07

色彩的温度——冷与暖

The temperature of the color

提及色彩的温度，每个朋友在生活中或多或少都有体会。家住广州的朋友在装修居室时会首选冷色调，原因很简单—— 一年中炎热的天气占大半，住在偏冷调的房子里会更舒适；东北地区气候偏冷，室内色调宜偏暖。色彩的温度能帮助人们满足相应的心理需求。

人们常说：不到火焰山，不知什么叫热。在一次形象提升中，当讲到色彩的冷暖时，一位学员感叹地讲起她的火焰山之行："当你看到红橙色的火焰山时，会觉得不上山都快要热死了！"其实不是温度，而是红橙色让她放弃了爬上火焰山的念头，由此可见红橙色之暖！没错，色彩学中将 "橙色"定位"暖极"，意为"极暖之色"，可以说是世界上最暖的颜色。

在夏天炎热的街头，如果能看到一家蓝色的冷饮店，你一定会冲上前去，在凉爽可口的冰激凌还没到手时，燥热的感觉早已溜掉一半。原因也是色彩，店里的水蓝色带给你的凉意远比冷饮来得更快。色彩学中将 "蓝色"定位"冷极"，为"极冷之色"。

色彩本身并无冷暖的温度差别，它是色彩在视觉中引起了人们对冷暖感觉的心理联想。

暖色：见到红、红橙、橙、黄橙等色，容易联想到太阳、火焰、热血等物像，产生温暖、热烈、危险等感觉。

冷色：见到蓝、蓝紫、蓝绿等色，则很容易联想到太空、冰雪、海洋等物像，产生寒冷、理智、平静等感觉。

A 色彩的相对冷暖

当我们明白了色彩的冷暖基于物理、生理、心理以及色彩自身的面貌这些综合因素时，就知道了色彩的冷暖定位是一个假定性的概念，只有比较才能确定。生活中色彩的冷暖变化无所不在，冷与暖是对立统一的，没有暖便没有冷，没有冷便也无所谓暖。所以色彩中的冷暖并不是绝对的，而是相对的。橙色是暖极，蓝色是冷极，其他颜色又该如何定义冷暖呢？

如果你用大量的红色配以少量橙色成功地绘制了一幅暖调的绘画作品，之后又想用同样的红色绘制一幅冷调的作品，应该怎么做呢？只要把橙色换成紫色就可以了，因为相对于红色来说，橙色偏暖，而紫色是偏冷的。

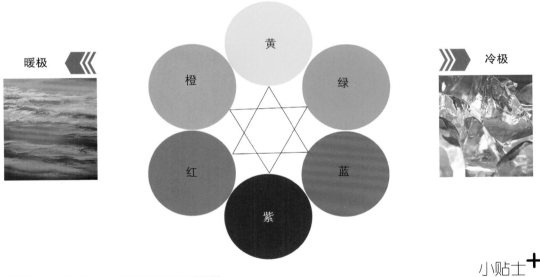

暖极　　　　　　　　　　　　　　　　　　　　　　　　冷极

红色含橙味时温暖
例如：大红色

红色含紫味时寒冷
例如：玫瑰红色

小贴士 +

清晨，当一缕霞光普照大地的时候，那一抹来自太阳的红色并不温暖，用玫红色画朝霞最能表达那种清新而偏冷的色彩。夏日当暴雨过后，晚霞映照天边，可以看到令人兴奋的火烧云的美景，这时则需要暖感强的大红色了。

25

B 冷暖色相环

　　将不同冷暖的6色相（红橙黄绿蓝紫）首尾相连，就组成一个新的色相环。在这个色相环中，我们可以清晰地看到每个颜色冷暖变化的过程。但是这个色相环的色彩过多，不便于记忆。现在，我们分别在6个色相（红橙黄绿蓝紫）中各选一个代表性的暖色和冷色，组成12色相环。

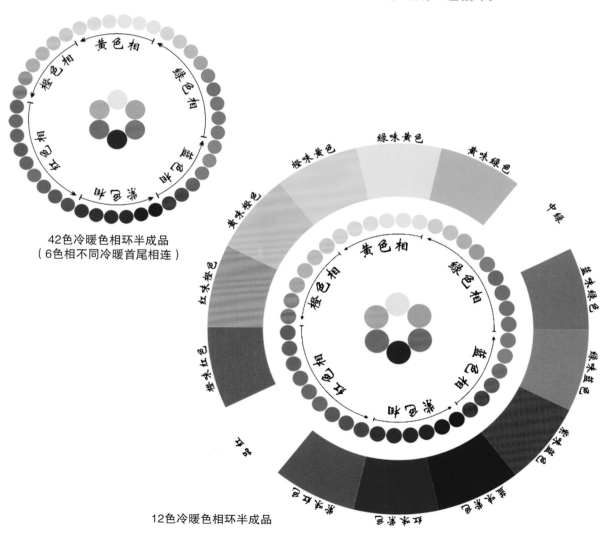

42色冷暖色相环半成品
（6色相不同冷暖首尾相连）

12色冷暖色相环半成品

在红色相家族中，左边的颜色看起来温暖而右边却比较寒冷。让人产生同样感受的还有黄色相、绿色相、蓝色相、紫色相。

其中，橙色相是一个非常特别的色彩家族，无论是偏黄味的橙色还是偏红味的橙色，都含有温暖的红色和黄色，只会让人有温暖感而无寒冷感。

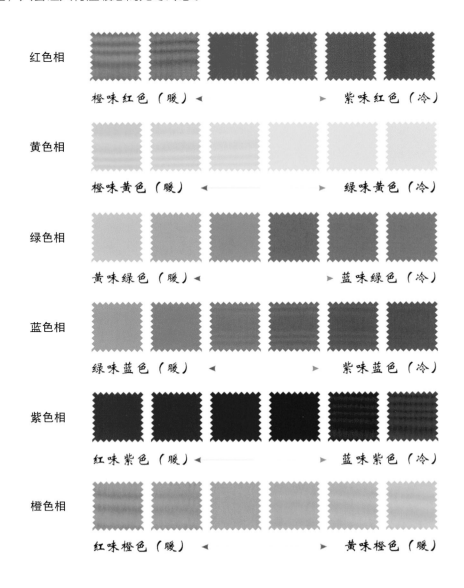

红色相　　橙味红色（暖）◄　　　　　► 紫味红色（冷）

黄色相　　橙味黄色（暖）◄　　　　　► 绿味黄色（冷）

绿色相　　黄味绿色（暖）◄　　　　　► 蓝味绿色（冷）

蓝色相　　绿味蓝色（暖）◄　　　　　► 紫味蓝色（冷）

紫色相　　红味紫色（暖）◄　　　　　► 蓝味紫色（冷）

橙色相　　红味橙色（暖）◄　　　　　► 黄味橙色（暖）

C 最适合中国人的穿色指导——14色冷暖色相环

多年的形象顾问工作经验提醒我，常用的12色相环并不能满足中国人的普遍需求。因为根据我们肤色的特点，有两个特别的色彩必须出现在色相环中，这两种颜色在中国人的衣着色彩中占有重要地位。

一个是属于红色相家族的"品红色"。如果你有兴趣了解国画，在国画颜料中有一个古老的颜色"品红"，无论是写意的梅花还是工笔的荷花，"品红"都能将其表现得淋漓尽致，就连著名的电影美术指导叶锦添先生也将品红在电影《夜宴》中用到了极致。饱满浓郁的深品红色很像熟樱桃的颜色。这个颜色既冷又暖，适合70%的中国人穿着，尤其是富有光泽的缎面丝绸面料，效果更佳。

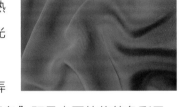

另外一个是属绿色相家族的"中绿色"。这个颜色的冷暖常常被人弄错，很多人误以为冷色。它在与肤色搭配的衣着色彩中是个暖色，"中绿色"既是中国的传统色彩又适合50%的中国人穿着。

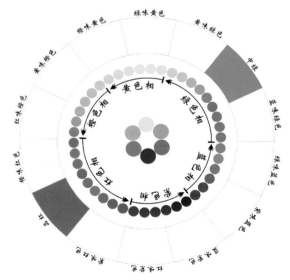

品红与中绿，冷暖色相环中的两个特别色

我特别在色相环中添加了火柴和雪花图案，分别表示暖色、冷色。每一个色彩的冷暖一目了然，你会发现可以冷暖通吃的色彩不只品红一个颜色，还有绿味蓝色（又称湖蓝）、红味紫色（紫罗兰色）。现在你看到了整本书的精髓，这个14色冷暖色相环中的14种颜色既不算太多，又足以区分常用色相，同时还兼顾中国人的色彩特点，是帮助中国人穿衣用色最实用的色相环。如果能熟练掌握它，你也可以成为色彩专家。

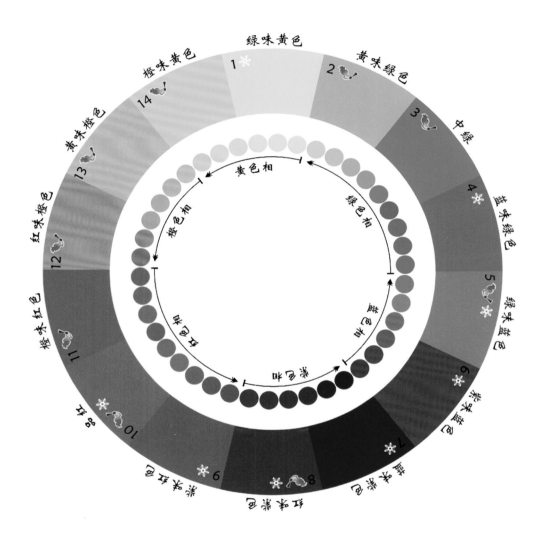

14色冷暖色相环

08

色彩的明度——明与暗，深与浅

The brightness of the color

在办公室桌上，随手用黑色碳素笔在纸上涂写，你会发现随着笔墨的加重，色彩的深浅不一样，在黑白之间有一种渐变的过渡层，这就是灰色。黑白灰的渐层形成了最基本的明暗变化，这在色彩属性专业上被称为"明度"，其中白色为最高明度，黑色为最低明度，一些接近黑色的灰色（深灰色）为低明度状态，一些接近白色的灰色为高明度状态，居于两者中间的就是中明度状态。

换成红色或蓝色的笔，也可以涂出有明暗变化的色彩渐层。不同的是红色渐层最浓重处不如黑色明度那么低，而与中间灰色深浅相近，所以红色应该是中明度的色彩状态。想要红色变低明度，需要加黑。由此可见，色相环中6个颜色的深浅各不相同，其中黄色为高明度色彩，紫色为低明度色彩。

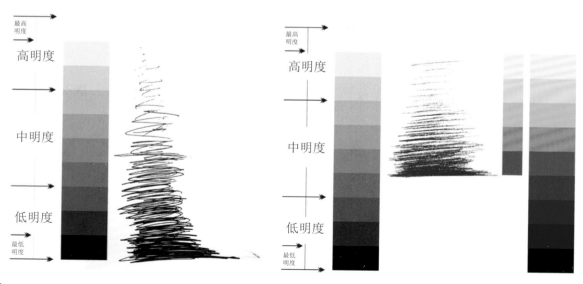

14色相环的色彩明度对应

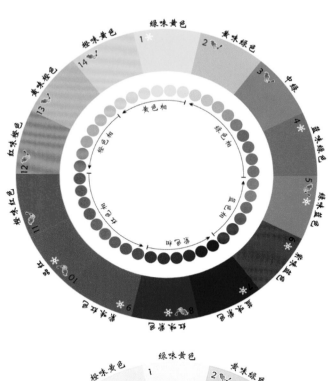

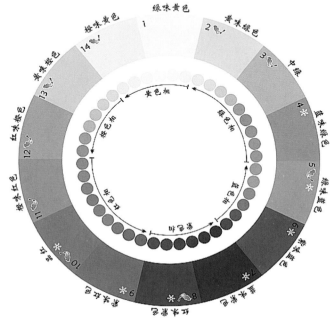

利用电脑，我们可以轻易地将任何一张彩色照片处理成黑白照片，却并不影响我们对人和物的识别。无论是有彩色还是无彩色，所有颜色都或深或浅，明度各有不同。

许多浅淡的衣服颜色，能看出来添加了很多白色的均为高明度色彩；一些看起来很深的衣服色彩，又像是混合了黑色，这些衣物色彩是低明度色彩。如果两种情况都不是，那就算作中明度。

上衣和头发都是低明度，明度状态很接近黑

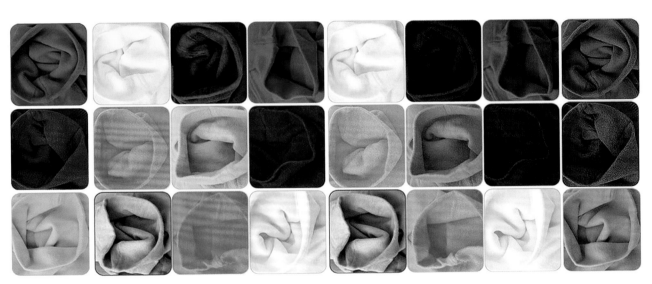

看看你是否认识这些色彩的明度，哪些是高明度？哪些是低明度？哪些是中明度？

A 肤色也有明度

就肤色而言，也有深有浅各不相同。白色人种是全球最高明度肤色，棕色人种和黑色人种为低明度肤色。我们黄种人排在中间，多数人是中明度肤色。黄种人当中肤色较白皙的一类，已接近白种人的高明度，肤色较深的一类接近棕色人种的低明度。总而言之，我们东方人的肤色明度状态比其他人种的丰富，一定要有一套自己的色彩体系来进行研究。

下面是皮肤明度的排序表，能找到与你或身边朋友的肤色对应的明度位置吗？

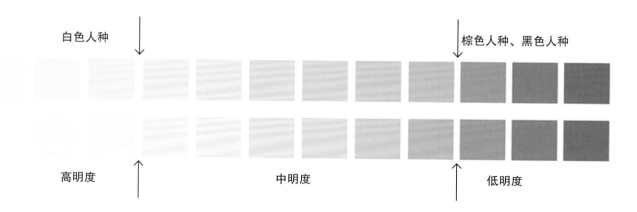

白色人种   棕色人种、黑色人种

高明度   中明度   低明度

B 色相环明度示图

明度，指色彩的深浅程度。颜色有深浅、明暗的变化。比如，深黄、中黄、淡黄、柠檬黄等黄颜色在明度上就不一样，紫红、深红、玫瑰红、大红、朱红、橘红等红颜色在明度上也不尽相同。这些颜色在明暗、深浅上的不同变化，就是色彩的又一重要特征（属性）——明度变化。

明度总色相环

C 六大色相家族明度冷暖的变化

六大色相家族（红橙黄绿蓝紫）中，每一个颜色都可以加白变成高明度，加黑变成低明度。这些变化造就出很多色彩，我把它们进行了冷暖的分类。这么多的色彩，哪些才是适合你穿的？在第3章我会详细分析，帮你找到它们。

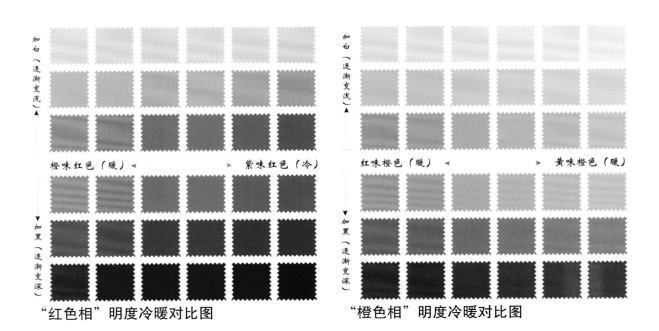

"红色相"明度冷暖对比图   "橙色相"明度冷暖对比图

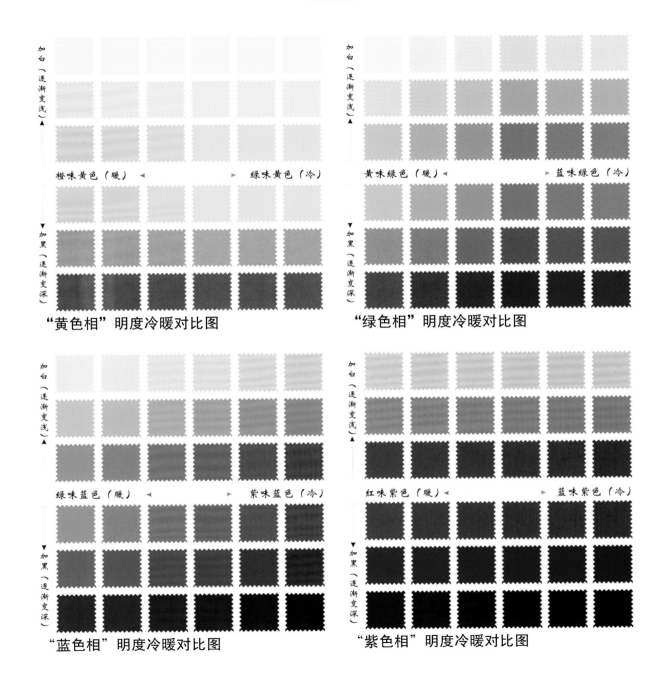

"黄色相"明度冷暖对比图

"绿色相"明度冷暖对比图

"蓝色相"明度冷暖对比图

"紫色相"明度冷暖对比图

09

色彩的纯度——鲜艳与淡雅

The purity of the color

　　色泽艳丽的有彩色，被称为"高纯度色彩"，也就是饱和度高。高纯度颜色混入黑、白、灰后，纯度都会降低。以红色为例，加白色变成粉红色、加黑色变成深红色，纯度都变低了；加灰色变成柔和的灰红色（例如豆沙红），纯度也降低了。

　　纯度和明度一样，也分高、中、低三个状态。完全不加和加入极少量黑、白、灰的有彩色为高纯度色。黑、白、灰三色是纯度最低的色彩，为低纯度色；与黑、白、灰很相似的颜色（添加极少量有彩色的无彩色）也为低纯度色。其余没提到的颜色为鲜艳度适中的中纯度色。

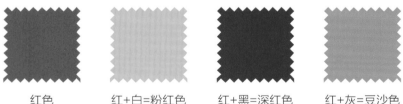

| 红色 | 红+白=粉红色 | 红+黑=深红色 | 红+灰=豆沙色 |

小贴士 +

　　在高倍放大镜下，羊毛、棉、麻之类的天然纤维都像我们的头发一样有毛鳞片；由于纤维不光滑，用传统技术染出的颜色纯度较低，并不鲜艳。此类面料如果想要呈现艳丽的色彩，需要用含荧光的染料或者对面料进行有光泽感的后期处理。这种"逆天"的染色效果，是进入20世纪后借助纺织技术的发展才得以实现的。丝绸的纤维是较圆润的扁圆状，因其比较光滑，所以即便在染色技术比较落后的古代也能制出鲜艳的丝绸面料。人造合成面料的纤维就更加圆润饱满了，因此这类面料大多颜色艳丽。

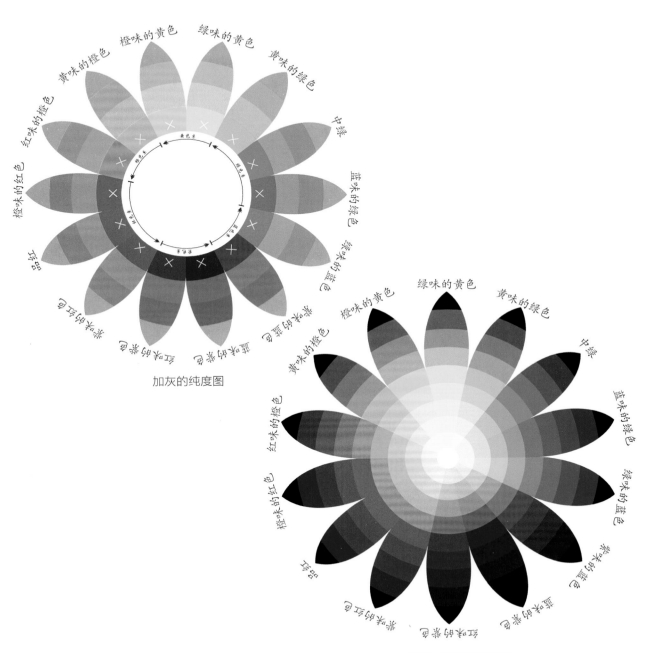

加灰的纯度图

加黑、加白的纯度图

A 高调抢眼——高纯度色彩

2009年，庆祝新中国成立60周年的天安门广场游行方阵中，玫红色套装的女民兵方阵令人印象深刻，以至于2009年冬天的新兵招募引来了许多女大学生报名。日常生活中，人的视觉所能感受到的色彩范围内，绝大部分是中低纯度的颜色，比如街道、建筑物、行道树、天空（特别是大城市的天空），大部分都含有灰色，纯度不会高，所以当高纯度事物出现时，就显得极其美艳，总能最大限度地吸引视线。

活跃在聚光灯下的主持人如果不是通过色彩的视觉穿透力，如何让成千上万的观众找到她们？许多明星艺人在多数场合都比较偏爱色彩艳丽的服装，皆因高纯度色彩具有脱颖而出的视觉效果。想在人群中回头率101%吗？高纯度色彩让你引人注目，高调做人！

小贴士＋

善用色彩的视觉艺术大师——张艺谋

在视觉艺术领域，能在色彩上运筹帷幄便能占尽先机。张艺谋是学美术出身，他在作品中对色彩的运用总是让人印象深刻。他执导的电影，对色彩的处理大胆震撼，善于用高浓度、大面积、饱满的色彩给观众强烈的视觉冲击。尤其是他执导的2008年北京奥运会开幕式，对每个主题的色彩处理都令人耳目一新，以高纯度色调为主，体现大国盛事的恢宏；到"国学"主题时巧妙地转换为低纯度色调，既呼应主题，又在浓烈的色彩盛宴中恰到好处地安排了一个休憩点；之后又以鲜明的色彩让场面高潮迭起。这种色彩上的纯熟造诣，非大师不能及。

B 低调含蓄——低纯度色彩

低纯度色彩是一些色相模糊不鲜艳的色彩，其实就是黑白灰加得太多了，色相不容易看出来。低纯度色彩和无彩色都属于中性色。

辨别色彩纯度练习：

下图中你能分辨出哪些颜色是高纯度色吗？找到那些最鲜艳抢眼的色彩！

和很多上了点年纪的人聊起衣服颜色的问题，她们总能说出"哦！我可不能穿棕色""我觉得蔚蓝色挺适合我"之类的话。这是经过多少年失败的采购教训才得来的一点点适合自己的色彩经验啊！不仅花费钱财和时间，更叫人心痛的是，形象不是一成不变的！时间、肤色、肤质、眼睛的明亮度，以及更为频繁变化的发色，都有可能让你刚收获的色彩经验付诸东流！看看衣柜里那些从前穿上最美的颜色，现在还能再穿出感觉吗？专柜里琳琅满目的丰盈色彩，究竟什么颜色才最适合自己呢？适合每个人的色彩都有百种以上，而属于你的100种色彩究竟是哪些？本章让你快速准确地找到属于你的百种色彩！

测色
色彩测试篇

01

选对色彩，要你好看

Color me beautiful

　　母亲的职业需要天天和美裳华服打交道，从小到大耳濡目染，我怎会视而不见？但每当我表现出对时尚和美的兴趣，母亲总是用"学业为重"把我劝回到书本前。大学对我来说是个圆梦的机会，因为我终于能全心全意投入自己喜欢的领域了！

　　我和表姐自幼就是死党，都爱"臭美"。我读中学时，表姐已经成为空姐，四处游历、采购各式美装。这让我特别羡慕。一有机会，我就会跑去她的小屋，在挂得满满的衣橱前一件接一件试穿她的漂亮衣服，听她讲关于穿衣打扮的心得、各地的见闻，翻看她从国外带回来的时尚杂志。

　　表姐很慷慨，但凡我相中的衣服，都会毫不吝啬地让我拿走。可我屡次发现相同问题：为什么那些清纯亮丽的水蓝色、浪漫迷人的紫罗兰色、艳丽动人的玫瑰色……姐姐穿得好漂亮，可到我身上却索然无味？

成为形象顾问之后，我终于可以用最简单的道理解开这个结了——适合姐姐的色彩是鲜艳清爽的冷色，而适合我的色彩则偏暖。

每个人都有属于自己的美丽之处，不同于他人，无须复制，唯有适合！如果穿上不适合的色彩，就算是大明星也会黯然失色；一旦选对了颜色，平淡也会幻化出神奇！

美丽的秘诀只有一个：寻找适合自己的美丽。

那么，什么才是"适合"呢？我们从色彩、款式和风格三个方面来理解，那就是——

适合的色彩会让你面色红润、光彩照人；

适合的款式会让你身形优美、得体宜人；

适合的风格会让你气质脱俗、魅力四射！

02

你了解色彩顾问吗？

Do you know color consultants?

20世纪90年代，中国出现了一个新兴职业——色彩顾问，在他们的帮助下，顾客可以找到最适合穿着的色彩。

任何一种行业的发展必须经过从无序到有序的历程，也许你也曾抱怨过色彩顾问的专业度或是测试结果的准确度，但这一行业的出现的确为当时中国人的衣橱添加了许多的色彩元素，鼓励人们选择斑斓的色彩。从这一点上说，色彩顾问将"人人都可以穿多彩的衣服"这个理念进行了前所未有的普及，有力推动了每季国际流行色发布在中国市场同步落地，同时也引导了大众在穿衣用色上的美学意识，我甚至想说，色彩顾问在提升国民整体形象方面功不可没。

色彩顾问：通过做色彩测试，帮客户找到适合穿着的色彩，并在使用上加以指导，是以色彩为主要手段完成整体造型过程的专业人士。

色彩测试：流程化的色彩分析过程，通常依靠色板或色布（可多达百余种颜色和质地）将人的体色加以分类，通过逐一测试寻找让肤色呈现最佳状态的色彩和质料的过程，以整体形象呈现健康靓丽为最终目的。

色彩行业发展：在将近20年的商业运作过程中，也衍生出色彩诊断师、搭配顾问、色彩分析师、色彩指导等很多称谓，大多都同根同源。

03

每个人都需要色彩顾问

Everybody needs color consultants

人的整体形象由多种元素决定，色彩很重要，但也只是其中的一方面。如果在穿衣打扮方面需要更多帮助，那应该向形象顾问求教。在美国，色彩顾问已成为形象顾问服务的一个环节。现在的形象顾问不仅能提供色彩测试，还有体形分析、风格塑造、场合着装指导、衣橱管理和陪同购物等。形象顾问就像全方位形象塑造的导演，常常联合优秀的发型师、化妆师组成一个团队，完成更为严格全面的形象塑造。

曾为英国王妃卡米拉的形象立下汗马功劳的罗伯特·庞特（Robert Pante）就是一位享誉国际的资深形象设计大师。他是美国白宫的形象设计顾问，多年来为美国总统及世界名流设计各种场合的仪表外形。

形象顾问：提供全方位、内外和谐的整体形象咨询服务的专业人士。

形象顾问服务：根据客户自身条件，通过整体形象分析，对身材、色彩、服装、搭配、发型及化妆造型等提出建议，设计出符合客户社会地位、职业特征、个人修养、角色定位、场合和心理的形象。

"形象"包括的范围太广了——肢体语言、仪态风度、语言沟通、礼仪规范、内在修养都会对形象产生影响。形象顾问必须有较高的综合素质，眼界学识、个人涵养、美学原理，没有一项可以忽视。只有先完善自己，才能帮助他人完成内外合一的形象品质的提升。

04

整体形象提升，从色彩开始

Enhance the overall image begin with color

整体形象设计由很多方面构成，色彩只是其中的一部分。但色彩是整体形象设计中"先声夺人"的部分。这也正是"静老师形象提升"系列图书会先从色彩入手的原因。

A 人体色的形成

要知道什么色彩适合自己，就要先知道自己是什么颜色的。现代科学证明，人体色特征是受三种色——核黄素（胡萝卜素）、血红素、黑色素的综合影响而呈现出来的。我们东方人拥有黄皮肤，但会因各自皮肤中这三种色素混合程度有异而呈现出不同的肤色，如偏黑、偏黄、偏白等，所以才会有"白面书生""面若桃花""红脸关公"这样形容面色的俗语。

那核黄素（胡萝卜素）、血红素、黑色素究竟如何影响我们的肤色呢？

血红素：决定皮肤中呈现蓝／紫色的多少。

核黄素（胡萝卜素）：决定皮肤中呈现黄／橙色的多少。

黑色素：决定皮肤中黑色的多少。

人体色主要源于遗传，但它会随着年龄的增长、生活环境、精神和健康状况等多种因素发生变化。时尚达人维多利娅·贝克汉姆在晒日光浴时，特别注意面部的防晒——身上需要晒黑，但"脸上还是不要吧"，因为"晒一次日光浴就要换一次粉底，太麻烦了"。

B 人体色冷暖的分析

从人体色三要素来看，显而易见，核黄素和血红素决定肤色的冷暖，而黑色素决定了肤色的深浅明暗。

能够影响穿着的人体色包括肤色、发色、唇色、眼白色和眼球色。从全球范围来说，能够主导穿衣用色的人体色元素各不相同。对黄种人来说，肤色和发色最具影响力。下面我逐一介绍。

深浅明暗比较好理解，那么肤色的"冷暖"如何来区分呢？要对人体色的冷暖有一点感性的认识，请看下面这组图片。

图片中左侧列的人脸，每一个的肤色里都含有较多的黄、橙和红；右侧列的人脸，每一个都多多少少含有蓝和紫，看得出来是血红色素在肤色中占主导。在中国人中，如果你的肤色白皙且两颊红润，属于冷肤色的可能性很大。我暂且把左侧列的肤色概括为暖肤色，右侧列的肤色概括为冷肤色。

肤色冷暖对照图示

暖肤色　　　　　冷肤色

②发色

　　自小，我们从歌声中就知道自己是"黄皮肤黑头发的中国人"。其实仔细看，并不是人人头发都那么黑。与欧洲人相比，中国人的头发色彩单一并不丰富，但深浅变化还是很丰富的，我们的头发是以棕色调为基底的，有浅棕色、深棕色和黑色。

　　细心观察你身边的朋友，你会发现通常肤色较深的朋友自然发色乌黑，而多数情况下肤色白皙的朋友自然发色相对浅淡柔和。如果是天生肤色白皙发色乌黑发亮的人，那真是天上掉下的林妹妹！

　　在欧洲，拥有金发色的女性成为美女的象征。看到好莱坞大片中比比皆是的金发女主角，你会以为金发在白种人中很普遍，但这其实要归功于发达的染发技术。就连迷倒万千世人的玛丽莲·梦露，那一头金发也是染发师的功劳。如今，染发更为普及，发色也越来越丰富，高科技带给人们福音的同时，发色的正确选择成为焦点。看到小理发馆里黄发抢眼的染发师，你会在偷笑中深信，不是所有的发色都适合中国人。

小贴士＋

染发三大禁忌：

1. 拒绝任何黄色调的发色，尤其是全金发色，特别对于肤色暗黄的朋友。

2. 使发色比肤色还要浅淡的颜色，一律拒绝。

3. 拒绝大面积使用特别鲜艳的色彩，除非你是艺人明星，为了独树一帜别出心裁，或者有御用的化妆师精心服务，否则请不要轻易尝试。这些艳丽的色彩即便是挑染也不能超过总发量面积的20%。

自然发色的冷暖对照图

冷发色

暖发色

艳丽的染发色图示

③眼球色

　　黄种人的眼球色几乎都是棕色的，深棕色会很像黑色，但真正的黑色眼球在我们当中是极为少见的。无论是浅棕色、黄棕色、深棕色还是黑色都属于中性色，与服装色彩的关系和谐，容易搭配，远不及金发碧眼的白种人眼球色来得那么强烈艳丽，所以中国人的眼球色不会影响衣着用色。

自然的眼球色图示

④眼白色

　　眼白色与眼球色的情况一样，不会影响衣着用色。蓝白色的眼白多见于25岁以下的人，所以当我要画一幅小孩子或年轻人的画时，他的眼睛一定是黑白分明的。

　　可能是受了我的影响，女儿Nada很小的时候就对穿着打扮很有主意。Nada刚3岁时，如果我们给她买的衣服没有经她首肯，她就绝对不会穿；我发现她最喜欢的颜色是粉红色，而黑色则完全不碰。有一次，我带女儿出去玩，因为她全身都被公园的喷泉弄

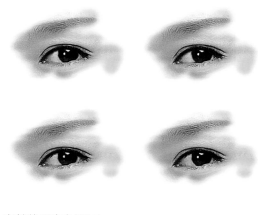

自然的眼白色图示

小贴士➕

　　在挑选彩色隐形眼镜时，如果你的诉求只是想看上去更年轻，那选黑色或深咖啡色最合适了。若现在你看到镜子里自己的眼睛是浅黄棕色或黄绿色，或者眼白有红血丝，那你的相貌看上去肯定比实际年龄要大！

湿了，我只好借别家孩子一件黑白宽条的衣服给她穿上。Nada明亮的眼睛和乌黑的头发立刻闪亮起来，"太漂亮了！"我禁不住对她说。再后来Nada上学了，渐渐爱上了深蓝色底白色海军领的学生装。为什么校服通常都是这种色彩搭配呢？因为它们能突出孩子黑白分明的清澈眼睛，你会发现每一个孩子穿了都好看。所以，眼白与眼球的对比度非常重要，尤其是活跃在银幕上的演员，眼睛的黑白对比强烈会更吸引观众。

⑤唇色

关于唇色的冷暖很容易辨认，大致红紫（有玫瑰色调）的为冷色，红橙色的为暖色。如果你看了半天也没看出来，不要急，你一定是冷暖居中的唇色。在大量的测色实践中，我发现还有一种特殊的情况，即上下唇色不一致，一冷一暖，这类唇色一定要用有遮盖力的唇膏。

我曾用两年时间做了大量的形象问卷，发现：大约有78%的白领女性上班时不使用粉底或眼部彩妆，但100%都拥有唇膏，而且经常涂用唇膏的高达90%。看来大家对唇色的改变情有独钟。所以唇色不作为测色的参考因素，你尽可以用唇膏来适时改变唇色。

自然唇色的冷暖对照图

暖色

冷色

05

色彩怎样穿才对？

How to wear color?

原则上，你可以按着自己的心情穿任何的色彩，但最适合你的总是与你肤色冷暖、明度、纯度最接近的。也就是说要穿与肤色相一致的颜色——冷肤色穿冷色看起来和谐统一，暖肤色穿暖色看起来红润健康。

图片中两位女性的肤色对比，上边女性的肤色比下边女性的肤色更温暖一些。

上边女性属于暖肤色，穿暖绿色（黄味绿色）更好看，暖绿色有：草绿、黄绿色、翠绿、橄榄绿……

下边女性属于冷肤色，穿冷绿色（蓝味绿色）更好看，冷绿色有：松石绿、孔雀绿、蓝绿色、薄荷绿……

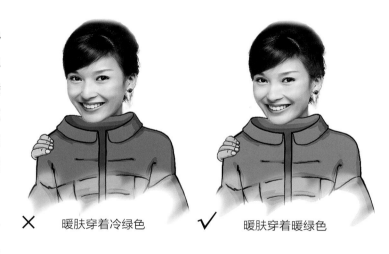

✗ 暖肤穿着冷绿色　　✓ 暖肤穿着暖绿色

✗ 冷肤穿着暖绿色　　✓ 冷肤穿着冷绿色

　　如果你的皮肤白皙、呈透明感，清晰明亮的色彩就要比混浊暗淡的色彩更适合你；反之，肤色偏暗、柔和的人就不太适合清澈透明的色彩。

　　同样，头发的色彩也会影响到你适合的色彩。

强对比者的配色建议

　　强对比者的特征是：肤白发黑，对比分明。

　　不适合弱对比的穿着，如白色搭配浅红色，深浅对比不鲜明的。

　　适合强对比的穿着，如白色搭配深红，深浅对比鲜明的。

弱对比者配色建议

　　弱对比者的特征是：肤白发浅，对比柔和。

　　不适合强对比的穿着，如白色搭配深红，深浅对比鲜明的。

　　适合弱对比的穿着，如白色搭配浅红色，深浅对比不鲜明的。

06

与色彩的"沟通之旅"——测色

Touch color by testing

色彩测试通常在色彩工作室中进行，由整体形象顾问或色彩顾问一对一地、用色布进行测试。现在用纸张测色同样可以准确测色。本章测色中的色彩，是严格地参照色布工具的色彩，敬请放心！

A 是你"穿色"，还是"色穿你"？

想要获得满意的结果，就一定要学习准确测色的技巧。用眼睛盯着镜子里你的脸，用余光看书页中的色彩，要知道是你在穿色，你是重点，不要盯着颜色看。这时候颜色存在的唯一意义就是要能衬托你。没有不美的颜色，只有不美的搭配。

色彩不能单独看，余光要整体扫到色页，而不是讨论其中某个颜色的好坏。

测色的观察重点要放在脸上，而不是色卡上

什么才叫"适合"？在测色过程中，每个步骤都是冷暖相比，一定要从中确定到底是哪个更适合。就算你觉得两个都合适或都不合适，也要挑选出相对适合的那个。所谓的"适合"就是看哪一组颜色能使人显得面色红润健康，显得皮肤通透明亮、干净平整，弱化了色斑、皱纹、痘痘、黑眼圈等，甚至让眼睛更有神采、五官更具立体感。

B "沟通之旅"的前期准备

有了这么多的理论基础，就请跟随下面的步骤，开始你和色彩的"沟通之旅"吧！

"光即色，色即光"，测色地点的光线很重要。你可以在家里寻找有窗户的房间，但要避免阳光直射。在窗前，周围数平方米之内没有其他色彩干扰，比如鲜艳的窗帘、墙壁或家具之类。

最佳时间是天气晴朗的早上10：00~12：00或者下午2：00~4：00，这些时间段的光线充足又不强烈，人的整体状况也趋于均值。

请穿一件本白色上衣，如果是长发，请将头发散开，自然垂放在肩上。另外还需要一面可以从头照到胸部的镜子。

有人说测色应该素面朝天，这话不完全对。如果你95%的时间都不化妆，那么应该以素颜测色；但如果你经常化妆的话，不妨素颜测一次，使用过粉底后再测一次。要想对自己了解得更细致一些的话，每次变换不同颜色的粉底后都应该再补测一次。

小贴士

测色过程中最要避免的是：因为个人对颜色的偏好妄下判断。所以务必要认真观察镜中自己的肤质、眼袋、皱纹、斑点等是不是都得到了改善。

C 全面展开"色彩沟通之旅"！

经过大量测色实践，适合中国人的色彩分类有六种：冷浅型色彩、冷深型色彩、暖艳型色彩、暖深型色彩、暖浅型色彩、冷暖全色型色彩。立即踏上色彩沟通之旅，看看你属于哪种类型。

① 色彩沟通之旅step1——测冷暖

我们的测色一共有2组4张色页，红色组、蓝色组。

测试时将印有色块样的纸张顺时针旋转90度，让彩页边缘处于下巴下方，让面孔被色板烘托。彩样边缘距离下巴大约两手指的宽度，注意不要将纸张紧贴皮肤，以免被纸张划伤。

图示：测色时正确的持书姿势

每组测试都在（A/B）两页间对比，左手放在彩页左下方，右手中指和食指夹着彩页，上下翻动书页，仔细观察自己的面部与色彩的搭配情况，从每组色页中找到效果最佳的那页。

红色组测试要点

不论肤色偏白还是偏黄，都要认真测试红色组。

红色组B卡：冷色

红色组A卡：暖色

以A、B两张色卡分别测试，观察色卡烘托下，哪张更有助于提升面部质感，使面容变得通透红润，肤色干净、肤质平整，能让眼睛更有神采，让五官显得更具立体感，哪张更有助于弱化眼袋、黑眼圈、暗疮、痘痘等面部瑕疵，哪张与头发的颜色更和谐。

测试过第一组红色系后，你得到结果了吗？如果答案明确，恭喜你！你在色彩上很有悟性，你的人体色冷暖感比较明显。许多色彩顾问也要多次练习后才能看出。但这个答案是否准确呢？

第一次测试未必能获得准确判断，能否测出结果并不重要。反复测试红色组，看看结果是什么？

蓝色组测试要点

肤色偏黄的朋友要重点测。

以A、B两张色卡分别测试，观察色卡烘托下，哪张色卡能让面孔更显得红润健康。用蓝色组测试时，显得肤色白不是重点——因为白而无光或无血色的肤色并不是我们想要的，

蓝色组A卡：暖色　　　　蓝色组B卡：冷色

要注意哪一个会使肤色干净、肤质平整，并弱化色斑、皱纹、痘痘、黑眼圈等瑕疵。

效果好	红色组	蓝色组
A（暖）		
B（冷）		

经过以上2组4张色卡测色后，将结果填入表内（画√即可），不能不填（如果不确定就再测一次，最好找朋友帮忙观察）。

测冷暖结果

如果表格中B（冷）画√的有2个，属于冷色调。请进入之后的色彩沟通之旅step2-1。

如果表格中A（暖）画√的有2个，属于暖色调。请进入之后的色彩沟通之旅step2-2。

如果表格中冷色和暖色各有1个画√，或者在测试红色组、蓝色组时犹豫不决，前后翻页对比后仍然找不出特别好或特别差的一页，请进入之后的色彩沟通之旅step2-3。

② **色彩沟通之旅step2-1——冷浅型or冷深型**

属于冷色调的朋友，进入此测试，同样二选一。可直接测出冷浅型或冷深型的最终色彩结论。确认后，请在第3章"穿色"中了解相应的色彩搭配建议。

冷浅型　　　　　　　　冷深型

③ **色彩沟通之旅step2-2——暖浅型or偏暖深**

属于暖色调的朋友，进入此测试，同样二选一。

如测为暖浅型，即最终色彩结论，请在第3章"穿色"中了解相应的色彩搭配建议。

如测为偏暖深，请进入色彩沟通之旅step3。

暖浅型　　　　　　　　偏暖深

④ **色彩沟通之旅step3——暖深型or暖艳型**

此步测试同样二选一。可测出暖艳型和暖深型的最终色彩结论。确认后，请在第3章"穿色"中了解相应的色彩搭配建议。

暖艳型　　　　　　　　暖深型

⑤ **色彩沟通之旅step2-3——是否冷暖全色型**

step1测出冷暖都有的朋友，进入此测试，同样二选一。可直接测出冷暖全色型的最终色彩结论。

如果确认是冷暖全色类型，请在第3章"穿色"中了解相应的色彩搭配建议。

如果用冷暖全色型色卡的测色效果不好，而是用无效结论色卡的测色效果更佳，那就不属于冷暖全色型。请再次返回step1进行测色，尤其要仔细测定红色组色卡的最佳效果。

冷暖全色型　　　　　　无效结论

07

乐趣多多的测色

Interesting color tests

既然要给自己做测试，那最重要的就是你自己的判断力。所谓"不识庐山真面目，只缘身在此山中"，人最不了解的往往就是自己。为了尽量避免测色判断的失误，我还有两个建议：

1.如果你是第一次测色，请读完后再测一次。第二次测色没有文字干扰，测色连贯，有助于提高准确率。

2.多请几位家人或是好友帮你一起评判。穿衣这件事确实更多时候是为了获得他人的认可，自己的观点只是其一，听取别人的意见会获得更准确的结果。抱歉我不得不提醒，不要把个人对色彩的偏好融入色彩测试之中，最忌讳的就是：一打开色板，就先入为主地认定"这个颜色不好看"。

经过多次尝试后，你会发现其实测色一点也不难，并且乐趣多多，希望有一天你会亲口告诉我："这是一次多么美妙的旅程啊！"

人的肤色受日照影响很大，否则黑种人怎么会出自赤道而不是寒带呢？遗传当然重要，但是人的肤色在日积月累的太阳光照射下会发生改变。想想你在20岁前和30岁后的肤色状态一样吗？肤色不会一成不变，仅是一年之中夏季和冬季就会产生差异。请尽量保持对色彩的敏感以及对自己的关注，当你海岛度假归来觉得肤色有变化，或者染了头发后，都请重新测试一下。

测色步骤速查图表

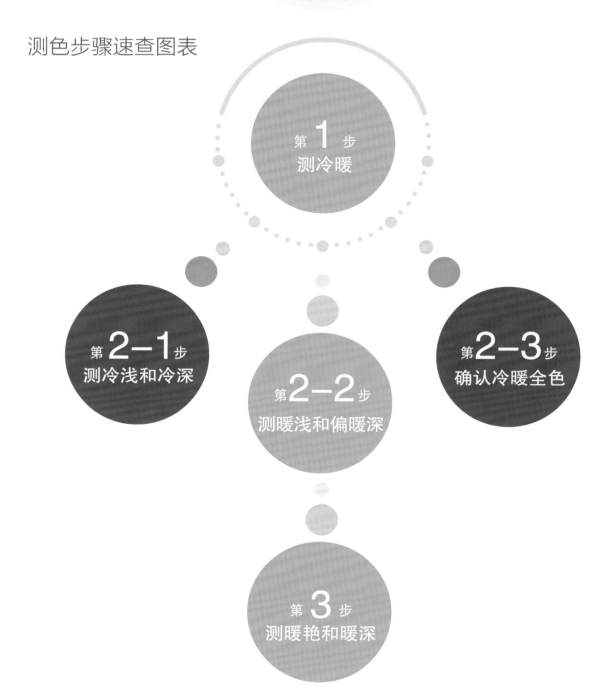

第 **1** 步
测冷暖

第 **2-1** 步
测冷浅和冷深

第 **2-2** 步
测暖浅和偏暖深

第 **2-3** 步
确认冷暖全色

第 **3** 步
测暖艳和暖深

步骤	详情	目的
step1 测冷暖	共有2组测色： 红色组　蓝色组	初步测出肤色的冷暖，偏冷色的，进入step2-1；偏暖色的，进入step2-2；冷暖兼有或无法确定的，进入step2-3
step2-1 测深浅（冷）	step1的测试结果偏冷色的，用此步测试	明确测出"冷浅"和"冷深"两个色彩类型
step2-2 测暖浅	step1的测试结果偏暖色的，用此步测试	明确测出"暖浅"色彩类型，测出"偏暖深"的朋友继续进入step3测色
step3 测暖深·暖艳	step2-2的测试结为"偏暖深"的，用此步测试	明确测出"暖艳"和"暖深"两个色彩类型
step2-3 测冷暖全色	step1测试结果为冷暖各半，或是step1中找不到最佳效果的。用此步测试。	明确测出"冷暖全色"类型。如果不属于"冷暖全色"类型需要返回step1再测。

中国人的色彩分型有六种，你属于哪一种？这一章是以肤色为中心，对邻近衣着的色彩给出建议，包含上衣色、打底衫、丝巾、围巾、帽子、首饰、发色和眼镜框的色彩。当然这些颜色你也可以用在下装，甚至全身上下，都没问题。本章穿衣用色建议内容翔实，从衣着色彩到化妆色、染发色、眼镜色等非常全面，让你从容选对色彩。

穿色

穿衣用色建议篇

01

你是什么季节？

Which season do you belong to？

20世纪40年代，美国的一家帽子店里，售货员苏珊娜（Susanna）在五颜六色的帽子中帮顾客挑选。"苏珊娜，你总是知道我应该戴什么样的帽子，尤其是颜色，选得那么合适！"每次顾客都会开心地说。

日子一天天过去，来找苏珊娜买帽子的人越来越多。她到底有什么销售秘诀呢？

长期以来，在苏珊娜的脑海中，早就下意识地把顾客的肤色特征分为四类，分别和四类色彩相对应，一类浅淡而温暖，一类浅淡而凉爽，一类温暖灿烂，最后一类则是冷而深的。

为了便于记忆，苏珊娜把这四种类型的颜色用春、夏、秋、冬来表示。四季色彩的概念由此诞生。

后来，苏珊娜将这种实用的"四季色彩销售法"传授给同事，商店因此业绩大增。同时，苏珊娜也欣喜地发现，四季色彩在服装中一样适用，而且适用范围更为广阔。

于是，苏珊娜离开了帽子店，加入全美演讲大军，四处传授"四季色彩"的理念，帮助更多的美国人找到最适合自己的色彩、穿出最美的形象。苏珊娜的演讲大受欢迎，所到之处掌声如雷。"你是什么季节？"成为非常流行的话题。许多粉丝追随着她的巡讲，反复学习。渐渐地，越来越多的粉丝成长为苏珊娜的"分身"，同时她们也在不断地丰富和完善着"四季色彩理论"，还开设了色彩测试工作室，提供一对一的细化指导用色。色彩诊断由此开创，并成为产业。

"四季色彩"从最初的研发到理论的形成，都是以白种人为基础的。随着"四季色彩理论"在全球的推广和普及，四个色彩类型显然不能涵盖全世界"各色"人群的色彩特性。在"四季色彩理论"中，非洲人几乎找不到他们所属的色彩类型，棕色人种的肤色又暖又深，对应的只有秋季一个类型。

按照"四季色彩理论"，相比白种人的粉红肤色、蓝眼睛，黄种人的肤色普遍偏黄，所以全都会被判断为暖色，属于"四季色彩理论"中的春、秋两季。但是，实际的情况并非那么简单。比如，黄种人中，有的人肤色白皙且两颊红润，有的人肤色白皙却缺少红润，这两种肤色虽然在白皙方面很近似，但却是一个偏冷、一个偏暖，不能穿同样色彩的服装。

数以万计的形象顾问在全世界各地依据当地人的特点，继续推进"四季色彩理论"的细致研究。

现在，日趋完善的"四季色彩"已经演变出了八季、十二季、十六季，测色理论的分支也越来越多，色彩理论的命名也开始告别"四季"这两个字，有了"个人调色盘理论""自然光理论"等等。色彩类型的分类达到25个，甚至超过30个。总之，今天的你能够获得更加准确的色彩建议。

02

中国人的色彩理论

Chinese color theory

　　中国人有独特的色彩特征，即肤色微黄，专业名称为"米色调"——可以细分为浅米色、米色、浅桃色、棕色、米黄色、橄榄米色、玫瑰米色。许多年轻人皮肤较黄，显得非常温暖，适合穿偏暖的衣着；但随着岁月流逝，当黑发变成白或灰白的颜色时，就不得不告别穿了50多年的暖色，改穿清爽的冷色。

　　为了更精准地找到最适合中国人的色彩类型，我投身专业色彩研究。经过多年实践，历经万人测色验证，我总结出六类最适合中国人的衣着用色分类，这个色彩分类就是"平衡色彩理论"。

　　"平衡美"，是美学研究中重要的一环。艺术品在实现审美价值时，必须遵循的"美的规律"，就是"平衡形式美法则"。我的色彩理论就是根植于这一法则，所以，我将它命名为"平衡色彩理论"。

　　在我的实际工作和教学中，数万人测色后都可以得到准确的结果。不过，我也希望自己的色彩理论能像"四季色彩理论"那样，是动态发展的——能够跟得上因生活方式变化而带来的色彩变化，成为常用、常新、常准的理论。

　　中国是有着鲜明文化特征的民族，有深厚的色彩文化。在史书中有大量关于色彩的记载，我们看到：黄帝与嫘祖养蚕造丝制衣，一统华夏的黄帝因"衣"而"治天下"；遵循《周礼》的夏、商、周三朝统治者，用等级森严的服饰制度"垂衣裳而天下治"。

从历朝历代的史料中，我们不难发现，色彩总会成为封建帝王们统治国家的另类武器，比如夏代崇尚黑色、周代崇尚红色……这些都潜移默化地影响着后世的色彩文化。可见，衣服并不仅仅关乎"美丽"，还关乎"天下"。

观瞻敦煌莫高窟的壁画，把玩

多彩的古瓷器，细赏古代丝绸残片，都可以发现：以红色为主调的黄、绿、蓝、紫中包含许多浓重艳丽的色彩特征。这些色彩都是鲜艳而不失庄重的，正是中国民族色彩的缩影。

说到非洲部落的黑人，一定会联想到他们色彩艳丽、图案夸张鲜明的服装和饰品；走进印度服饰店，满目都是充满金色装饰的灿烂色彩。这些历经千年沉淀的各民族色彩文化，怎能摒弃在测色之外呢？民族色彩如果不添加在测色建议中，便失去了衣着的灵魂！所以，在基于"平衡色彩理论"测色的专业色彩建议中，一方面要考虑中国人普遍适合的衣着色彩规律，另一方面也要深度挖掘并保留中国的民族色彩特征。在本章中你会看到，每个色彩的分类都与以往的色彩分类不同，对色彩的感知不再是浅淡含糊的，而是鲜明、饱满、浓郁的。

小贴士+

关于平衡美的运用，生活中的例子不胜枚举。科学家研究表明，那些被公认为美女的人，比如林志玲、刘嘉玲，她们脸颊的左右两边都出奇地对称。化妆也是在不断修正原本不对称的自然五官，让面部左右看起来对称、比例协调，因为这样可以产生"平衡的美感"。

◯3

平衡色彩理论

Color-balancing theory

夏天，你买了一件小碎花的上衣，如何配出理想的下装？超级简单——用上衣的任意一种颜色作为下装的配色就行，绝对无错！这种搭配方法叫作"呼应"，相信你也能无师自通。你也许会问，为什么会有这么简单的原理？其实，上下装色彩的呼应，恰恰是平衡美法则的成功运用。

许多人问我，为什么皮肤很暖了还要穿暖色，那不是更暖了吗？这也是对平衡美的运用。平衡是寻找适合色彩的重要途径。

当你的肤色呈现为冷色调时，适合你的衣饰色彩以冷色为主；当你的发色呈现为暖色调时，适合你的衣饰色彩是在冷色基础上再添加暖色。如果你戴着蓝色的隐形眼镜，你的肤色又属于冷色调，那你完全可以像欧洲人一样穿一袭蓝色礼服，搭配的原理就是：将眼睛的色彩在着装配色时进行复制，产生了平衡。只要你的衣着色彩与眼睛色、发色、肤色、腮红、眉色等所有的人体色有所呼应，衣服与你将形成完美的平衡感，这些色彩就是你适合的衣着色彩。

小贴士✚

有个学员在形象课堂上测得的色彩类型是暖浅。课程结束后，她代理了一家瑞士首饰品牌并在北京开了很多连锁店，事业做得风生水起。职场地位的晋升让她的着装风格不得不发生变化，必须向严肃、稳重靠拢，这类衣着以黑色居多。原本暖浅类型的人并不能驾驭黑色，她的解决办法是：在脖子上系一条较宽的围巾，将大衣的黑色与面部隔离开，围巾的颜色就是适合她的桃红、浅绿之类。最终很好地驾驭了此类沉稳衣着。

依据中国人的肤发特征，"平衡色彩理论"将黄种人的色彩划分出六个类型，分别是：冷浅色彩类型、冷深色彩类型、冷暖色彩类型、暖浅色彩类型、暖艳色彩类型、暖深色彩类型。

以下就是对这六种色彩类型的详尽分析。请对照你在上一章的测试结果，来这里寻找一份专属于你的色彩分析报告！

要特别说明的一点是：色彩理论主要研究面部肤色和发色，所以所有提到的建议用色都特指上身的衣物，包括上衣、帽子、丝巾、披肩、项链、耳环等和面部最为接近的服饰。

头发在头面部约占30％，面积比较大，也是整体造型中的重要部分。以下会针对不同色彩类型提出彩色染发的建议，保证你以最佳状态穿好那些色彩。如果你想尝试建议以外的其他发色，当然也可以，但你必须明白，发色很容易改变原有的色彩类型。也就是说，改变发色有可能会让你表现为新的色彩类型。改变形象便换个心情，也许你原本是冷浅现在变成冷暖全色，或者是从暖深变为暖艳。这都没问题，只要你知道原理，怎样变来变去都不在话下了！放心去做个百变女郎吧！

六大色型穿色速览

色彩类型	特点	经典案例	穿色选择
冷浅型	肤色白皙、两颊淡玫红		冷暖色相环雪花标志色彩，首选各种紫色和蓝色，紫罗兰色和亮湖蓝色最佳
冷深型	肤色比冷浅型略深、红润部位较多		冷暖色相环雪花标志色彩，适合鲜艳的冷色和加黑的冷深色，黑色、宝石蓝最佳
冷暖全色型	肤色深浅适中，不黄不红		适应色彩最多的类型，明度色相环中除冷暖色相环的纯度色外，其他所有加深、变浅的色彩，首选中性色，黑白灰、珊瑚红、胭脂红、橄榄绿最佳
暖浅型	肤色白皙、微泛奶黄色光泽		冷暖色相环火柴标志色彩，首选加白的浅暖色，尤其各类杏色，桃红、杏黄、杏红最佳
暖艳型	肤色微黄、两颊红润		冷暖色相环火柴标志色彩，首选高调鲜艳的暖色，红色、艳橙、朱砂红最佳
暖深型	肤色较深、偏暗		冷暖色相环火柴标志色彩，首选加黑的中度深色，熟樱桃红、番茄红、正绿最佳

04

冷浅型穿色建议

The cold-slight color

A 冷浅型达人的外貌特点

冷浅型达人肤色白皙，肤质通透干净，其中一些两颊有淡淡的玫瑰色红润度——"白里透红，与众不同"，再加上自然的乌黑发色或近似于黑色的深发色，就是"天生丽质"的代表！东方人中，这类色彩类型自古就是最令人羡慕的美肤标准。

在浅肤色与深发色的相映衬下，冷浅型达人在人群中极易脱颖而出。被称为"时尚教母"的靳羽西女士就是典型的冷浅型达人，给她拍了无数照片的私人助理乌玛说，"不论在多么密集的人堆里，你都能一眼发现羽西"。在同羽西女士的交流中，我发现，虽然重大场合时她总选择穿大红，但她平时偏爱的颜色还是偏冷的水绿色和鲜艳的小桃红色。

在中国，冷浅型达人约占20%，集中于35岁以下的年龄段，以南方人居多。"苏杭自古出美女"，这和沪苏杭一带冷浅型达人较多有很大关系。

女性化妆品的品牌中，都有美白系列，而男士护肤品大多以补水保湿为主。因此，这一类型的女士多于男士。

B 适合冷浅型达人穿着的色彩

通于冷浅型达人的实际穿着案例，我发现：与暖色相比，冷色会使冷浅型达人看起来更加白皙。这与偏冷的肤质相吻合，选择冷暖色相环中有雪花标志的色彩，如倍受女士青睐的各种紫色和蓝色，其中以紫罗兰色和亮湖蓝两个颜色穿着效果最佳，首饰的最佳选择是白金和银。

穿着这些冷色时，要记住：面料颜色是加了白的浅淡冷色比鲜艳的冷色更适合你。

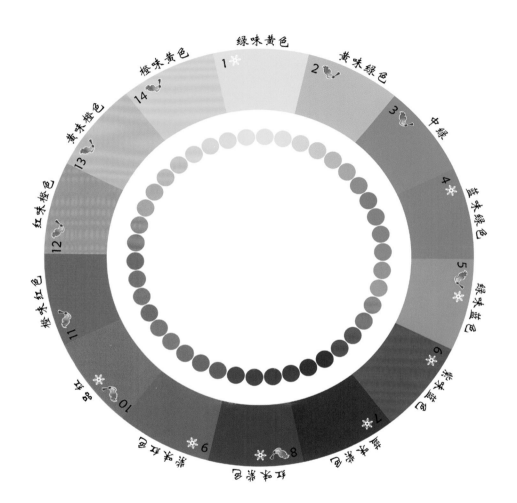

14色冷暖色相环

冷浅型人群应选择有雪花标志的冷色，加了白的浅冷
色比鲜艳的冷色更合适

适合的红色： 要选择偏紫味的冷红色，并且加了白的浅冷红色最佳。图中画圈的都可以穿着，粉红色、浅梅色、浅玫瑰红色、浅草莓色、紫红色、胭脂红色。

适合的紫色和蓝色：适合所有的紫色和蓝色，加了白的干净清透的水蓝色或者浅藕荷色会更好，例如：紫藤色、浅紫罗兰色、浅紫色、薰衣草紫色、冰蓝色、淡蓝色、瓦青色。

加白（逐渐变浅）

绿味蓝色（暖）← → 紫味蓝色（冷）

加白（逐渐变浅）

红味紫色（暖）← → 蓝味紫色（冷）

适合的绿色和黄色：可穿的绿色不多。只适合一些蓝味的冷绿色，加了白的浅蓝绿色最佳，如孔雀绿色、松石绿色、青果绿色、浅青绿色。适合的黄色有淡黄、浅柠檬黄、嫩黄，慎穿鲜艳的柠檬黄，它会让你红润的面颊显得不太健康。

加白（逐渐变浅）↑

橙味黄色（暖）←——→绿味黄色（冷）

加白（逐渐变浅）↑

黄味绿色（暖）←——→蓝味绿色（冷）

适合的无彩色和中性色：可以穿纯白色和乳白色（又称米白色），但是纯白比乳白色会更显得冷浅型达人肤色白皙。除此之外，纯黑色、明亮的浅灰色、银灰色和接近于黑色的深灰色也可以尝试。

适合的中性色有深蓝色、靛蓝色、藏青色、茄紫色。

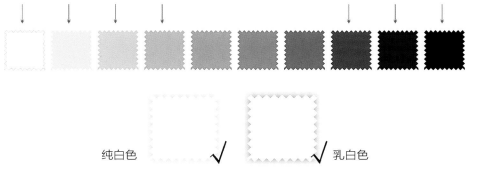

纯白色 √ √ 乳白色

小贴士✚

大多数中国人都驾驭不了柠檬黄，除了冷浅肤色女生。所以当柠檬黄流行时，大街上许多女孩都因穿此色而显得面色暗黄，叫人惋惜。我有一次还迎面看到一位30岁出头的女士穿了全身的亮柠檬黄运动衣走来，暗黄的肤色和鲜亮的黄色衣服连成一片，那刺眼的黄光着实"雷"人，成功实现了百分之百的回头率！记住：流行的，不一定是适合你的。

眼镜选色建议

眼镜边框的色彩选择：粉红色、玫红色、紫色、蓝色、纯白色均可。选购镜片时，最好选择无色透明的镜片或是淡淡的蓝色镜片、淡淡的紫色镜片，它们都比较适合冷浅肤色。

发色建议

如果你的自然发色又黑又亮，那么建议你保留原发色；如果不是黑亮发色或想染成其他发色，建议你选用冷色系且较深的颜色染发。

彩妆色建议

选择粉红色粉底／蜜粉。如果你肤色苍白，那么粉红色粉底可以让你面色红润健康，还可以用在双颊处，代替腮红，会让你的脸呈现出一种非常自然的、白里透红的感觉。

粉底液的颜色：瓷白色、粉白色、明亮色、嫩粉色。

眼影色：粉红色眼影、粉蓝色眼影、粉紫色眼影、白色眼影、银色眼影，以及上文提到的所有色彩。

唇膏色：如果你的唇色是冷色，那么透明有质感的唇彩效果更佳；如果恰好是暖唇色，建议选购一些淡玫红色的唇膏。

05

冷深型穿色建议

The cold-dark color

A 冷深型达人的外貌特点

虽然肤色比冷浅型的人深一点，但依然属于会被人视为"皮肤挺白"的一类人。肤色最大的特点是红润度很强，红润的部位不仅在双颊，还包括前额、鼻头、眼角、下巴等许多地方。不少冷深型达人属于敏感性肤质，遇强冷热空气交替刺激时，就会面部通红。皮肤较薄的人也会如此。

如果你面部青春痘很多，超过面部50%的面积（查看脸部没有被头发遮盖住的部分），那也属于这一类型。

中国人中，冷深型达人非常少，还不到总数的5%；而且不仅少见，还非常分散，所以地域特征也不明显。在陕西、甘肃、西藏等北方高原地区可以见到，但情况较为特殊，这些地区的冷深型达人两颊区域明显红润，也就是我们常说的"高原红"。测试时要注意观察前额、下巴、嘴角的肤色，如果肤色没有明显偏黄的迹象，那么也属于这一类型。

B 适合冷深型达人穿着的色彩

　　与暖色衣着相比，冷色衣着会使你的肤色更显白皙！应选择冷暖色相环中有雪花标志的色彩，它们与你红润的冷肤相一致，适合的色彩是一些非常鲜艳的冷色和加了黑的冷深色。如果问谁最适合穿黑色，答案就是冷深型。最适合冷深型达人的颜色不仅有黑色，还有深邃美丽的宝石蓝色。值得恭喜的是，宝石蓝色是与大多数黄种人无缘的颜色，尤其是颜色很正的宝石蓝，但却是你的最佳色。

　　最适合的首饰色为白金和银。

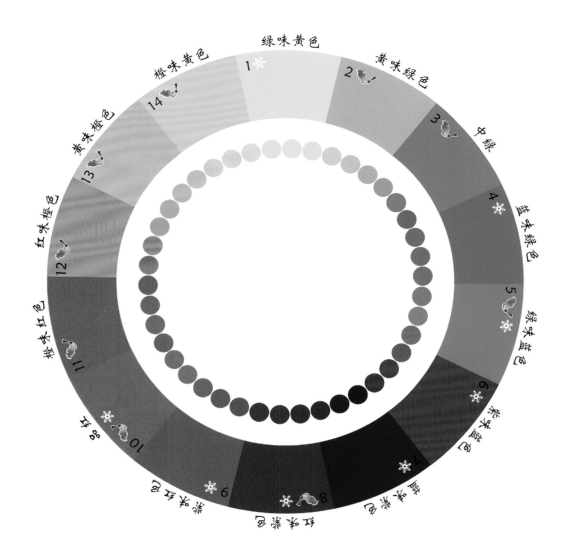

14色冷暖色相环
冷深型人群应选择有雪花标志的冷色，尤其适合鲜艳的冷色
和加了黑的冷色

适合的红色：要选择色彩较冷的紫味红色，包括色泽饱满鲜明的高纯度玫瑰红色、艳玫红和红紫色，还有加了少许黑的酒红色、深酒红色、熟樱桃红色。

如果你有较多青春痘或者两颊自带的腮红斑斑驳驳看起来不是很均匀，那就不建议你穿着玫瑰红色，玫红色会让脸上的痘痘或红血丝更加明显。

适合的紫色和蓝色：你可以穿的紫色和蓝色很多。与冷浅型不同的是，加了白的浅紫和浅蓝色都不适合你，会显得你肤色黑；但是鲜艳亮丽的艳紫色和加了黑的深紫色和深蓝色都没问题。适合的色彩还有：艳紫罗兰色、深紫罗兰色、宝石蓝、艳蓝色、海军蓝色、景泰蓝色、青花瓷色、青色、群青色。

　　适合的绿色和黄色：冷深型达人可以穿的绿色不多，大部分的绿色都是加了很多黄才调出来的，而绿色微微偏蓝色的并不多见，看起来比较艳丽，例如：孔雀绿、松石绿色、艳蓝绿色、深蓝绿色、青绿色。非常遗憾，冷深型的人几乎没有任何能穿的黄色，肤质较好或者精心化妆后可以尝试饱满明艳的黄色。

适合的无彩色和中性色： 可以穿纯黑色和纯白色，不适合米白色，深浅适中的中灰色也可以，那些接近于黑色的深灰色、重灰色、炭灰色会更好。

适合的中性色：深蓝色、藏青色、茄紫色、靛蓝色。

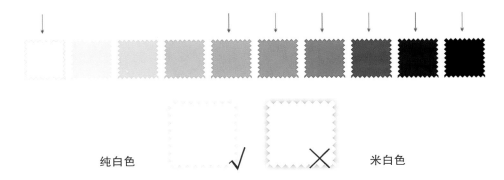

纯白色 ✓ ✗ 米白色

眼镜选色建议

眼镜边框的色彩选择：白色、黑白相间、黑色、玫瑰红色、紫罗兰色、宝石蓝色，以及紫红色系。肤色较白的朋友可选择粉红色和粉紫色镜片。

发色建议

如果你的自然发色偏暖，如棕色、浅棕色、黄棕色、褐色，那么建议你染发，染成深紫色、酒红色、蓝黑色比较好；如果你的自然发色是冷色，如黑色、深蓝色、勃艮第酒红色、黑灰色，那就可以保留原发色。

彩妆色建议

使用绿色隔离霜。如果你的肤色偏红，或者脸上有小雀斑、有痘痘留下的小疤痕，使用绿色隔离霜，不但能中和面部过多的红色，还可以有效减轻痘痕。绿色隔离霜再加上冷调的粉底液会更好地提亮肤色。

粉底液的颜色：瓷白色、明亮色、自然色、浅肤色。

眼影色：紫色眼影、湖蓝色眼影、深紫色眼影、黑色眼影。

唇膏色：如果你的唇色是冷色，那么透明有质感的唇彩效果更佳，如果恰好是暖唇色，建议选购一些玫瑰红色的唇膏。

06

冷暖全色型穿色建议
The cold-and-warm color

A 冷暖全色型达人的外貌特点

冷暖全色型达人的肤色很独特，看起来不深不浅，仔细看肤色既不是很黄，也不是很红润，整体不冷不暖、深浅适中。冷暖全色型达人的发色较为丰富，有柔黑色、栗色、深棕色、浅棕色等。

中国人中，属于这个类型的原本并不多。但是，近年来，由于美容业的发展，许多人的肤色得以改善，使得这一类型的人每年递增。目前冷暖全色型达人的占比已超过10%，地域差异不大且非常分散。

所谓"冷暖全色"，就是说冷色、暖色都能穿，是适应色彩最多的人群。如果你也想成为冷暖全色型达人，通过化妆和改变发色，就可以轻松实现。到底要怎么变呢？别着急，在第5章"变色"中，会有详细讲解。

B 适合冷暖全色型达人穿着的色彩

因为冷暖兼备的肤色，冷暖全色型达人有极大的用色空间，红橙黄绿青蓝紫任何颜色，无论冷暖都可以穿，适合的色彩数量是六个类型中最多的。

有没有不适合冷暖全色型达人的颜色呢？有，但不多。就是那些极鲜艳的高纯度色彩，即冷暖色相环上的颜色都不适合。因为艳丽高纯的颜色会抢走面容的光彩。由于冷暖全色类型比较独特，所以，不能参照冷暖对照图，而要看明度色相环，这样更容易学习和记忆。

适合的色彩太多可能更难选择。我的结论是冷暖全色型达人最适合穿中性色。最佳的颜色是黑白灰色、珊瑚红色、胭脂红色和橄榄绿色。

在明度色相环中去掉那些不适合的色彩，冷暖全色类型可以穿的色彩全部显示如下：

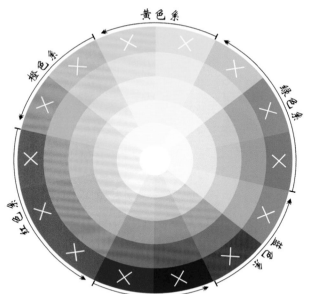

适合所有的浅色：在冷暖色相环中加入白色，色相环中的14个颜色全部变浅，这些色彩都很适合冷暖全色型达人。

例如：粉红色、胭脂红色、浅橙色、肉色、银白色、浅紫色、薰衣草紫色、浅蓝色、浅绿色、淡黄色。

注：标示有"X"的为不可用色

适合所有的深色：在冷暖色相环中加入黑色，环中的14个颜色会全部变深，这些色彩都很适合冷暖全色型达人。

例如：暗红色、酒红色、棕色、咖啡色、深橙色、熟樱桃红色、深绿色、深紫色、深蓝色、海军蓝。

注：标示有"X"的为不可用色

适合含灰的优雅色彩：在冷暖色相环中添加灰色时，色彩变得柔和雅致，这些色相中无论添加的是浅灰色还是深灰色，都适合冷暖全色型达人穿着。这些优雅含蓄的颜色，在许多休闲装和针织类的毛衫中常常出现，在偏中性的职业装中出现得更多。

例如：柔红色、香瓜黄、灰绿色、橄榄色、灰橙色、茶绿色、茶棕色、驼色、咖色、栗色。

注：标示有"X"的为不可用色

适合的无彩色和中性色：可以穿着全部的无彩色。

适合全部的中性色：米色、卡其色、驼色、褐色、茶色、棕色、咖啡色、深蓝色、茄紫色、靛蓝色、藏青色。

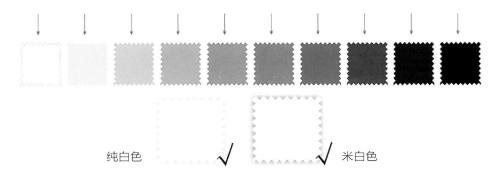

纯白色 ✓   ✓ 米白色

眼镜选色建议

眼镜边框可选的色彩很多，但要避免太艳丽的，宜选温和的中性色。如黑、白、灰、咖啡色、深蓝色、茶色。虽然各色镜片都适合你，但最好不选，眼镜色彩过多会增大衣着用色搭配难度。

发色建议

可以将你的自然发色染成柔和的色彩，例如：亚麻色、褐色、卡其色、柔黑色等。这些柔和的发色，有助于你更好地把控整体形象的和谐度。

彩妆色建议

　　大多数情况下，建议你使用自然色粉底液，如果你的肤色较暗偏深色，可以试一试紫色粉底、蜜粉，它能立刻提亮偏黄、暗沉的肤色，让皮肤晶莹剔透，细腻而有透明感，对遮盖黑眼圈也有神奇的效果。如果点在眼下、鼻梁和额头等突出部位，会让脸庞犹如有烛光映衬一般，立时生辉。

　　粉底液的颜色：浅色、自然色、象牙色。

　　眼影色：红紫色眼影、湖蓝色眼影、紫罗兰色眼影、蓝绿色眼影、棕色眼影。

　　唇膏色：大部分唇膏的颜色都可以用，有透明质感的无色唇彩也很好，忌用鲜艳夺目的色彩。

07

暖浅型穿色建议
The warm-slight color

A 暖浅型达人的外貌特点

暖浅型达人皮肤白皙，微微泛着奶黄色的光泽，肤质上佳，通透且干净。许多暖浅型达人经常去美容院寻求去掉肤色中黄色调的办法，总为不能摆脱偏黄的肤色而苦恼。其实，你完全没有必要理会"一白遮百丑"的古语。暖浅型达人的肤色，是中国人中最漂亮的暖肤色，就像看到寒冬后第一束暖洋洋的春光，那种温暖甜蜜的幸福感会让身边的人都为之愉悦。

多数暖浅型达人的自然发色较为浅淡，这和你温暖的肤色相当融洽。

中国人中，属于这一类型的人较多，占比约30%，主要分布在华北地区和江淮地区。如果年龄超过50岁依然能保持白皙肤质的朋友，都属于这一类型。暖浅类型男女都很常见。

B 适合暖浅型达人穿着的色彩

与冷色衣着相比，暖色衣着会使你的肤色更显红润健康！这与偏暖的肤发相吻合，选择冷暖色相环中有火柴标志的色彩，其中以各类杏色穿着效果最佳，例如桃红色、杏黄色和杏红色，面料颜色如果是加了白的浅淡暖色会更适合你。

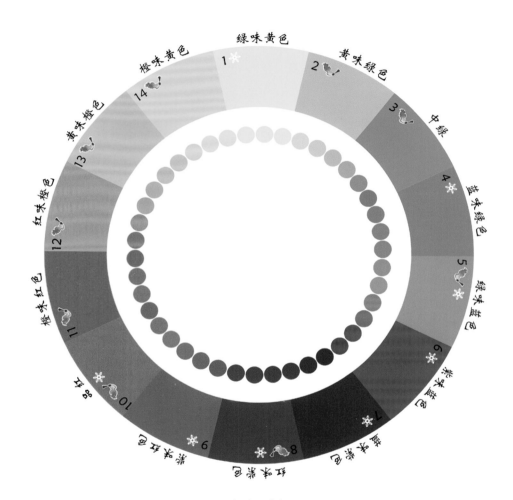

14色冷暖色相环

暖浅型人群应选择火柴标志的颜色，加了白的淡淡暖色
更为合适，各类杏色效果最佳

适合的红色：要选择偏橙味的暖红色，并且以加了白的浅暖红色最佳，图中画圈的都可以穿着。

例如：桃红色、浅珊瑚红、浅红、肉红色、浅绯红色、虾红色、杏红色，这些色彩都能很好地增加肤色的红润感。

适合的绿色：暖浅型可以穿的绿色比较多，主要是一些加了白的浅黄绿色和浅绿色；偏冷的蓝绿色在加了很多白色后，很像淡青果绿色，这个色彩看起来很特别，因为它是你唯一可以穿的冷绿色；浅草绿色、浅橄榄绿色、浅蓝绿色、灰绿色、嫩草绿色、茶绿色、葱心绿色，你都可以选择。

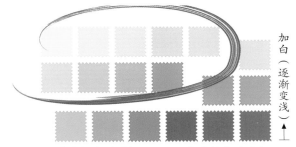

加白（逐渐变浅）

黄味绿色（暖）◄——► 蓝味绿色（冷）

适合的紫色和蓝色：你可以穿的紫色和蓝色很少，蓝色选择浅湖蓝色，紫色选择有红感的浅紫罗兰色。

加白（逐渐变浅）↑

绿味蓝色（暖）←——→紫味蓝色（冷）

加白（逐渐变浅）↑

红味紫色（暖）←——→蓝味紫色（冷）

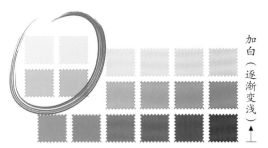

加白（逐渐变浅）

绿味蓝色（暖）◀━━▶紫味蓝色（冷）

加白（逐渐变浅）

红味紫色（暖）◀━━▶蓝味紫色（冷）

适合的橙色和黄色：在橙色家族中，你可以选择很多颜色，那些加了白的浅黄橙色和浅红橙色，看起来很像初夏时节酸甜可口的杏子的颜色。那些类似橙黄色和橙红色的杏色都比较适合你穿着。另外，你还可以穿浅橙、灰橙色、金丝雀色、杏黄色、鹅黄色、蛋黄色、米黄色、奶油色。

加白（逐渐变浅）

加白（逐渐变浅）

红味橙色（暖）←——→黄味橙色（暖）　　　橙味黄色（暖）←——→绿味黄色（冷）

适合的无彩色和中性色：纯白色面料和米白色面料都适合你。但是仔细观察，会发现米白色着装效果更好，能凸显肤质并增强五官的立体感。所以，我建议你在穿着纯白时，一定要与杏色和桃色搭配，这有助于增加红润感并提升肤质。

原则上暖浅型达人不适合穿黑色，但在远离面部的其他位置可以用，比如远离面部的下装——黑色的裤子和裙子。

各类灰色或银灰色都不适合。

适合的中性色有驼色、浅咖色、卡其色、浅褐色、茶棕色、浅栗色。

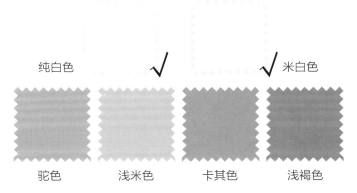

纯白色 ✓ ✓ 米白色

驼色　　浅米色　　卡其色　　浅褐色

眼镜选色建议

眼镜边框的色彩选择：珊瑚色、桃色、杏色、白色均可。有色镜片最好选择米色和无色的，要尽可能保证面部的清晰度，这很重要。

发色建议

如果你的自然发色浅淡雅致，那么建议你保留原发色。如果你的自然发色较黑，可以改变发色，建议染发色：浅棕色、黄棕色、亚麻色、浅褐色。

彩妆色建议

选择黄色粉底、蜜粉。黄色的粉底能让我们的黄皮肤看起来均匀、明亮，而且会令肤质宛如搪瓷一样细致柔和。但不能用得太多。特别要注意的是，一定要把黄色粉底液加入浅米色粉底液，按1：4的比例进行调和，否则会变成没有皱纹的黄脸婆。

粉底液的颜色：浅色、浅米色、明亮色、象牙白色、黄色粉底液。

眼影色：棕色眼影、湖蓝色眼影、粉紫色眼影、白色眼影、蓝绿色眼影。

唇膏色：如果你的唇色是暖色，那么透明有质感的唇彩效果更佳；如果恰好是冷唇色，那么用珊瑚红色或者桃粉色都可以。

08

暖艳型穿色建议
The warm-bright color

A 暖艳型达人的外貌特点

　　看起来虽然不是令人向往的白皙皮肤，但暖艳型达人的肤色不深不浅，光泽度好，肤质也好，肤色微微发黄，两颊显桃色红润，像夏日阳光一样散发着活跃的气息，而且多数暖艳型达人的自然发色较深，堪称中国人中最阳光健康的标致美人。

　　在中国，许多黄肤色的朋友伴随着肤质暗沉，较少拥有肤质光泽透亮的黄肤，所以属于这一类型的人较少，大约不超过10%。这类型在地域分布上，无论南方或北方都主要集中在沿海和空气湿度大的地区。这一类型人群的年龄偏小，大约在35岁以下，男士更为罕见。

B 适合暖艳型达人穿着的色彩

高调鲜艳的暖色让暖艳型达人看起来明艳动人！选择冷暖色相环中有火柴标志的色彩，穿着效果最佳的颜色为艳橙色、朱砂红色。暖艳型达人非常适合穿着红色，是六大色型中最适合穿中国新娘色的。

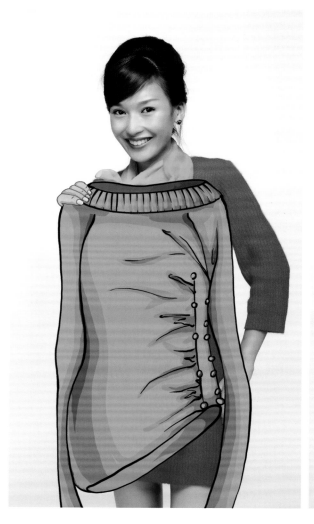

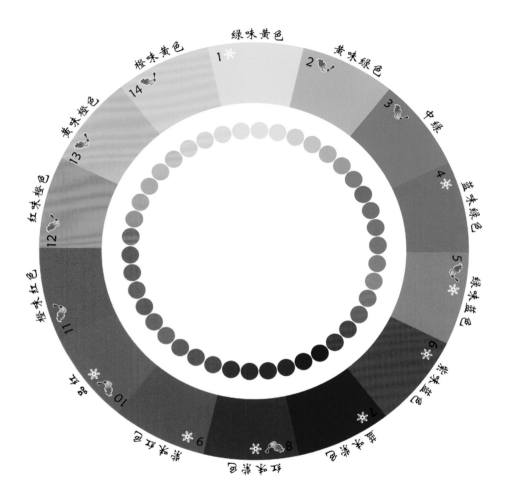

14色冷暖色相环
暖艳型人群应选择火柴标志的颜色，高调鲜艳的暖色最为合适

　　适合的红色：可以穿色泽艳丽的暖红色，例如朱红色、大红色、鲜红、曙红、橘红、熟樱桃红色等橙味的红色。

加白（逐渐变浅）

橙味红色（暖） ←——→ 紫味红色（冷）

适合的绿色：暖艳型达人可以穿的绿色比较多，主要是草绿色、中绿色、翠绿色、艳绿色、明绿色、鲜绿色；偏冷的蓝绿色并不适合。

加白（逐渐变浅）

黄味绿色（暖）◀————▶蓝味绿色（冷）

适合的紫色和蓝色：你可以穿的紫色和蓝色很少，蓝色选择湖蓝色和孔雀蓝，紫色选择紫罗兰色。

加白（逐渐变浅）

绿味蓝色（暖）←——————→紫味蓝色（冷）

加白（逐渐变浅）

红味紫色（暖）←——————→蓝味紫色（冷）

加白（逐渐变浅）

绿味蓝色（暖）←————→紫味蓝色（冷）

加白（逐渐变浅）

红味紫色（暖）←————→蓝味紫色（冷）

适合的橙色和黄色：各种鲜艳的橙色你都可以选择，有黄橙色、红橙色、橘红色、鲜橙色、橘黄色；适合的黄色不多，向日葵的中黄色、金色、藤黄都可以。

加白（逐渐变浅）

红味黄色（暖）←——→绿味黄色（冷）

加白（逐渐变浅）

红味橙色（暖）←——→黄味橙色（暖）

适合的无彩色和中性色：不适合纯白色，但适合米白色，穿着黑色也没问题，各类灰色和银灰色都不适合。

为了便于搭配艳丽的色彩，衣橱中一定要添加适合的中性色：咖啡色、棕色、深茶色、深栗色、深褐色、靛蓝色、藏青色。

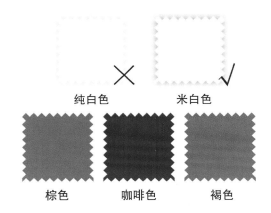

纯白色　　　米白色

棕色　　　咖啡色　　　褐色

眼镜选色建议

眼镜边框的色彩选择：艳橙色、艳红色、艳绿色、棕色、咖啡色、黑色均可，有色镜片最好选择淡绿色镜片，同时搭配的镜框要选绿色或咖啡色的。

发色建议

如果你的自然发色较深，那么建议你保留原发色，如果想尝试新的发色，染成深棕色、黄棕色、红棕色、栗色、褐色都可以。

彩妆色建议

选择紫色隔离霜，它适合肤色偏黄、暗沉的人，对遮盖黑眼圈也有神奇的效果；它能让肤色变得晶莹剔透，细腻而有透明感；如果点在眼下、鼻梁和额头等突出部位，会宛如有烛光照着一般，让脸庞立时生辉。

粉底液的颜色：米色、象牙色、自然色。

眼影色：棕色眼影、湖蓝色眼影、绿色眼影、金色眼影。

唇膏色：如果你的唇色是暖色，那么有质感的唇彩效果更佳；如果恰好是冷唇色，建议选购珊瑚红色和橙红色的唇膏。

暖深型穿色建议

The warm-dark color

A 暖深型达人的外貌特点

暖深型达人因肤色并不白皙，常常苦恼如何能有效增白，肤色在中国人中属较深或者中等深度。暖深棕人的自然发色通常也比较深，有黑色、深棕色、深咖色。

中国人中，属于这一类型的较多，占比约40%，地域集中在日照较多的长江以南地区，如广州、贵州、海南等，西藏、青海等地也有。因为日常的男士美容护肤品没有美白功能，所以男士有半数以上的人都是这一类型，随着日晒长年累积，尤其以年长的男士最多。

B 适合暖深型达人穿着的色彩

暖深型达人总给人温暖活跃的亲和力，穿暖色、鲜艳和喜庆的颜色最为漂亮。适合冷暖色相环中有火柴标志的色彩，在这些适合的暖色中加入一点点黑色，看起来是很暖的中度深色，这些色彩更合适。最适合的色彩是熟樱桃红、番茄红和正绿色。

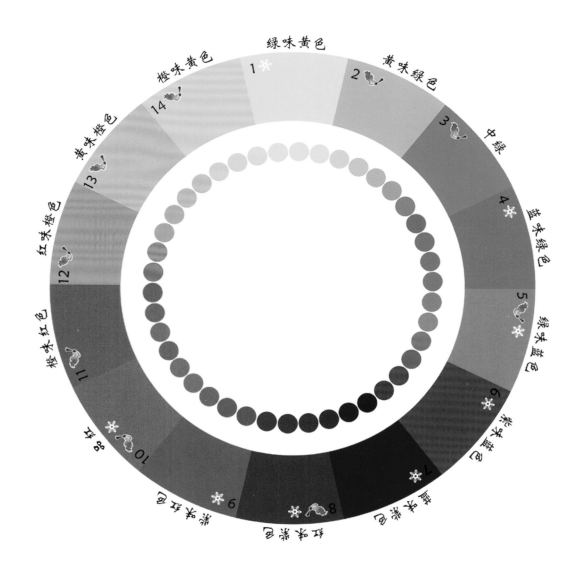

14色冷暖色相环
暖深型人群应选择火柴标志的暖色，加入少许
黑的略深的暖色更为合适

适合的红色：适合的红色，是一些色彩浓郁饱满的橙味深红色，例如：深红色、熟樱桃红色、熟石榴红色、番茄红色、红茶色、铁锈红色、土红色、印度红色、砖红色、镉红色，比较特别的是有点偏紫色的深酒红色，虽然属于冷红色也可以穿。

标有"×"的为不可用色

适合所有优雅色（14色相加灰）

适合所有的深色（14色相加黑）
适合所有的浅色（14色相加白）

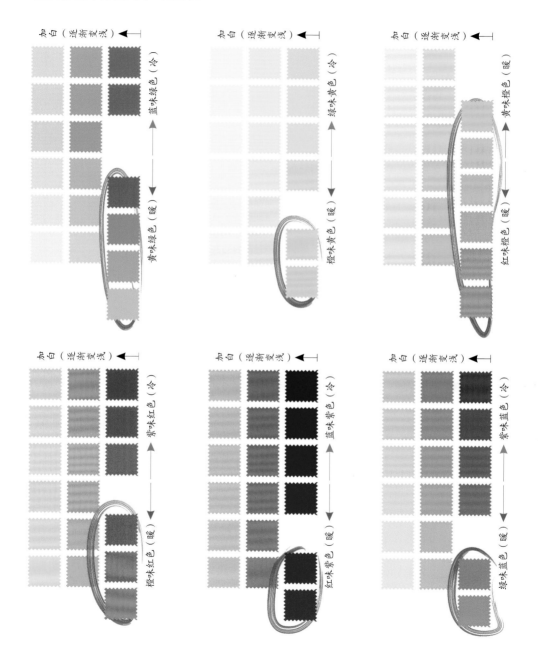

暖艳型的季色建议

加白（逐渐变浅）

蓝味绿色（冷）
黄味绿色（暖）

绿味黄色（冷）
橙味黄色（暖）

黄味橙色（暖）
红味橙色（暖）

紫味红色（冷）
橙味红色（暖）

蓝味紫色（冷）
红味紫色（暖）

紫味蓝色（冷）
绿味蓝色（暖）

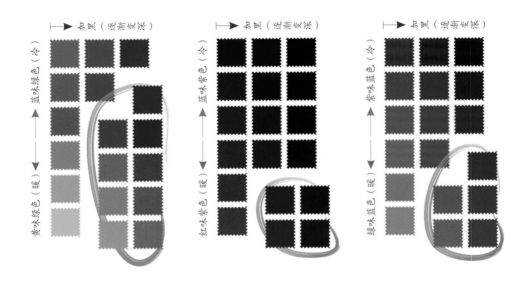

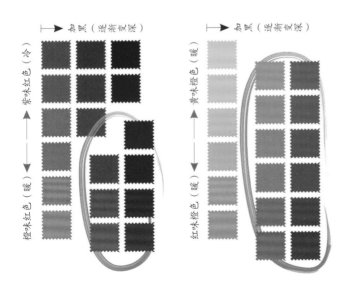

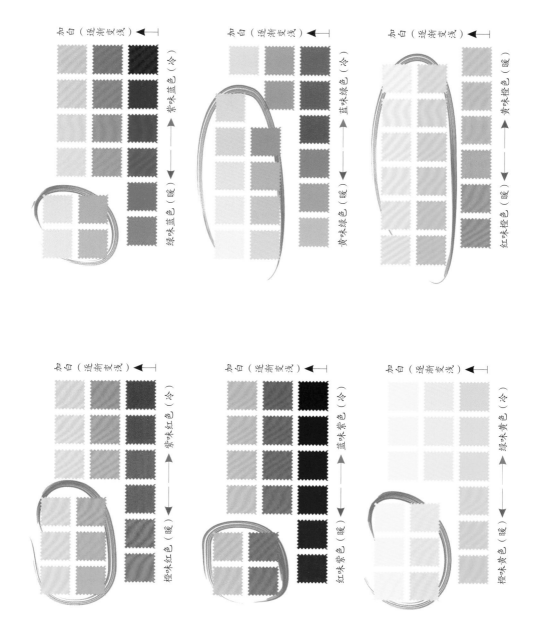

暖浅型的专色建议

冷冻型的亮色建议

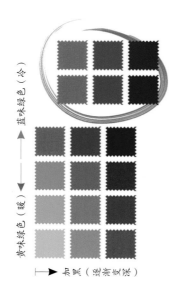

蓝味绿色（冷）←——→黄味绿色（暖）

加黑（逐渐变深）

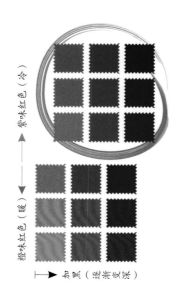

紫味红色（冷）←——→橙味红色（暖）

加黑（逐渐变深）

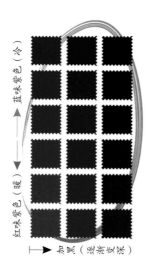

蓝味紫色（冷）←——→红味紫色（暖）

加黑（逐渐变深）

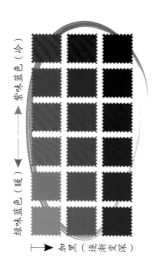

紫味蓝色（冷）←——→绿味蓝色（暖）

加黑（逐渐变深）

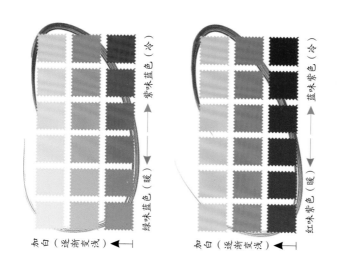

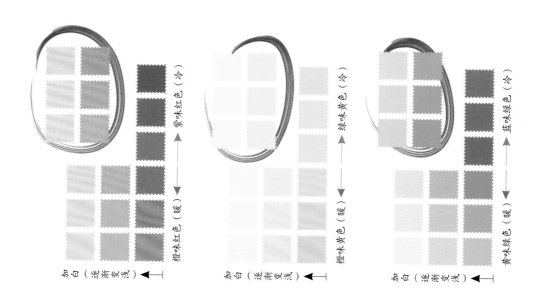

step2-3：无效结论

step2-3: 冷暖全色型

step3: 暖艳型

step3: 暖深型

step2-2: 暖浅型

step2-2: 偏暖深

step2-1：冷浅型

step2-1：冷深型

step1：蓝色组B（冷）

step1：蓝色组A（暖）

step1：红色组B（冷）

适合的紫色和蓝色：适合的紫色只有微暖的深紫罗兰色，能穿的蓝色也很少，有深湖蓝色和钴蓝色（比湖蓝略深些，广告颜料中有这个颜色）。

绿味蓝色（暖）◀————▶紫味蓝色（冷）　　　红味紫色（暖）◀————▶蓝味紫色（冷）

↓加黑（逐渐变深）　　　↓加黑（逐渐变深）

适合的绿色：暖深型可以穿的绿色较多，有深绿、军绿、深草绿、菠菜绿、西瓜绿、苍绿、墨竹绿色、中绿、铜绿、宝石绿、深橄榄绿。有个色彩很特别——深蓝绿色，这是你唯一可以穿的冷绿色，但是切记要加了黑色以后的蓝绿色才可以穿。

黄味绿色（暖）◄———————► 蓝味绿色（冷）

加黑（逐渐变深）

适合的橙色和黄色：适合所有深橙色，很适合红橙色加黑后的红棕色，以及浓橙色、南瓜色。穿黄橙色加黑后的黄棕色时，必须把肤色提亮、两颊打上腮红，否则会显得脸色发黄。黄色，暖深型达人不容易驾驭，有金属质感或镶有亮片、看起来金灿灿的面料，穿起来才会好看。适合色有金黄色、金色。

红味橙色（暖）◀———▶黄味橙色（暖）

加黑（逐渐变深）

适合的无彩色和中性色：米白色比纯白色更合适，纯黑色也没问题，任何灰色都不适合。

适合的中性色有：咖啡色、深棕色、深茶色、深栗色、深褐色、深蓝色、藏青色。

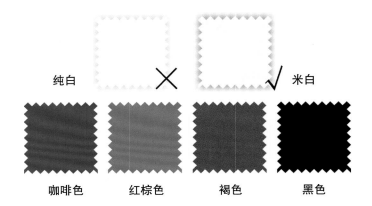

纯白 ✕ ✓ 米白

咖啡色　　　红棕色　　　褐色　　　黑色

眼镜选色建议

眼镜边框的色彩选择：深橙色、深红色、深绿色、咖啡色、黑色均可，为了提升面部肤质的通透度，最好不选有色镜片。

发色建议

如果你的自然发色较深，建议保留原发色；如果自然发色较浅淡，建议染成棕色、褐色、咖啡色、黑色等暖色。注意一定要保证发色的深度超过肤色很多。

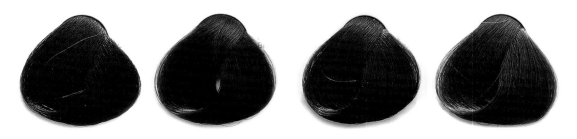

彩妆色建议

紫色隔离霜或紫色蜜粉也适合你。这种底霜能使偏黄暗沉的肤色变得晶莹剔透，对遮盖黑眼圈有奇效；点在眼下、鼻梁和额头等突出部位，会宛如有烛光照着一般，让脸庞立时生辉。

粉底液的颜色：米色、自然色、浅棕色。

眼影色：棕色眼影、自然色眼影、湖蓝色眼影、绿色眼影。

唇膏色：如果唇色偏冷，一定要用有遮盖力的唇膏，首选土红色或红茶色。如果是唇色是暖色，也要选一支色彩艳丽的唇膏让你的面部靓丽出彩。唇色对你来说很重要，一定要高调亮丽。

本章是以肤色为中心，对邻近衣着的色彩给出建议，也可以用在下装。这些色彩建议以测色为基础。如果不适用，就是测色不准，请重新测色。最好在自然光下测色。

如果你仍遗憾"我喜欢的颜色却不能穿"，那就把它们用在远离面部的下装、鞋子、包包上。但是，这些你喜欢的色彩和你适合的色彩该如何搭配呢？答案就在第4章"配色"中。

以肤色和发色作为基础，通过平衡色彩理论测试，相信你已经能挑选出适合自己的颜色。但这么多适合的颜色应该如何搭配呢？比如暖艳型达人，红色和绿色都可以驾驭，那可以同时穿红和绿吗？红色和绿色在一起被称作最艳俗的搭配，但又有用"万绿丛中一点红"来形容和谐的说法，这并不矛盾，深入研究的话，其实是有道理的。

　　所以现在，我就要你成为全面的服饰色彩达人，你的本领要延展到全身的色彩搭配，包括上下装、帽子、围巾、鞋子、包包等所有衣饰的搭配！

01

配色
色彩搭配实践篇

01

全身穿的色彩不能超过三个？

All dressed must follow three-primary colors?

在视觉艺术领域，色彩与色彩之间的搭配合理度，一直是让时尚达人和艺术大师们煞费苦心的研究重点，研究的核心大多放在对搭配后的美丑的评判上。达·芬奇是意大利文艺复兴时期最著名的艺术家，早在15世纪，他就从美学和文学的高度提出色彩搭配效果的理论：单独一种颜色，并没有所谓的美丑，只有将两种以上的颜色放在一起时，才能产生美或不美。

色彩搭配是多种颜色科学搭配的结果。每次听到所谓的时尚专家说"全身色彩不能超过三个"

时，我总忍俊不禁，要真是这样，那印花衣服岂不都卖不出去了？这种观点也因T台上五颜六色的流行色彩不攻自破。

其实，与色彩搭配有关的不是颜色的数量，而是配色的方法。从服装发展史看，进入21世纪以来，自由个性逐渐外化，层叠穿着和混搭风愈演愈烈，这不仅是对二件套、三件套传统衣着数量的升级，更是对穿色数量的挑战。

现在，你站在镜子前，要解决的已经不仅是黑皮鞋与上下两件衣物的配色问题，还需要处理首饰、发饰、帽子、腰带、包包、打底衫、打底裤、马甲、围巾等更多衣着元素的配色问题。

02

配色的两个终极效果

Two simplest effects

由于年龄、性别、修养、性格、爱好、经历、心情等因素的不同，相同搭配也会穿出不同效果。美学理论中"艺术多样性"和"艺术本身就是矛盾体"的哲学思想也说明，没有绝对的配色标准，也没有绝对不能搭配的色彩。不论何种搭配需求，都有办法满足。

现代色彩学普遍认同的观点是：先有搭配效果才有搭配方法。结合美学理论和实际生活，搭配效果可以浓缩为两种，那就是——

"柔和雅致"和"鲜明强烈"

你是否被这些问题所困扰——"时尚杂志上的服装挺漂亮，为什么穿在我身上不好看？""看起来漂亮的色彩搭配根本没法在实际生活里穿！""明明是照着样子搭配的，可别人看了都说丑！"

时尚杂志上的图片之所以亮丽、抢眼，是因为整合了各种优质资源——用料考究且做工精良的大牌服饰、美丽的模特、精心打造的妆容、专业的摄影设备、特制的背景、考究的灯光、周密的前期构思、细致的后期处理……即便是柔和雅致的灰色职业装，也能拍出鲜明强烈的大片效果。

"柔和雅致"与"鲜明强烈"是两个极端。前者"趋同"，要中规中矩，和大家一样；后者"求异"，要独树一帜、脱颖而出。上班时，我们要"趋同"，会挑选柔和雅致的服饰；参加庆典、派对或拍写真时，要"求异"，会追求鲜明强烈的效果。

那么这两种效果究竟如何实现，才能满足不同时间、不同场合、不同人群的衣着要求呢？

03

色彩搭配至尊秘技

The supreme color match skill

世间没有不美的颜色，只有不美的搭配。

——达·芬奇

利用色相环你可以非常轻松地获得搭配解决方案，这可是色彩搭配的至尊秘技！把色相环剪下来放在钱包中随身携带，在购买衣物时用作参考；也可以把它贴在穿衣镜一角，每天穿衣服时可以利用它来进行色彩搭配的指导。

A 相邻色搭配

在色相环上选择任何一种颜色作为主色时，它左右两边的颜色就是相邻色，这三个颜色的搭配是相邻色搭配，这三个色彩中任意选两个或者三个搭配都很和谐，这种搭配效果容易获得最广泛认可。

例如：在色相环中选2号色作为主色，1号和3号色是它的邻色，1、2、3这三个色彩任意的搭配都是邻近色搭配，它的搭配组合方式有1+2+3、1+2、2+3、1+3四种，每种搭配都有和谐悦目的效果。

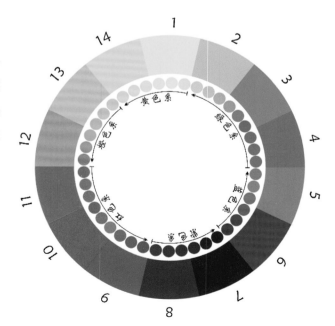

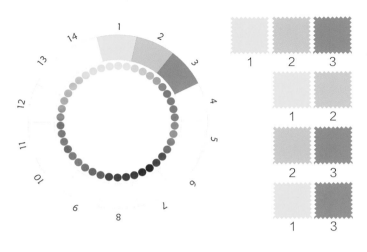

相邻色的搭配要诀：相邻色搭配很实用，它在统一中又有变化——鱼和熊掌可以兼得——相邻色搭配既可"柔和雅致"又可实现"鲜明强烈"。当你倾向鲜明强烈时，就挑选高纯度和中纯度的色彩进行搭配，这样效果就比较明显了。

相邻色的搭配效果：会产生和谐悦目的搭配效果，可以"趋同"，也可以"求异"。

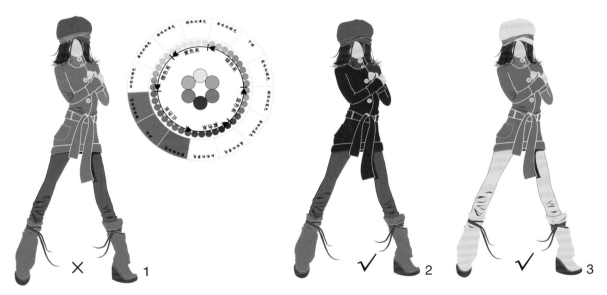

相邻色的搭配禁忌：鲜艳饱满的高纯度色彩朱红（橙味红）和玫瑰红（紫味红）搭配在一起，虽然符合邻近色的条件，但效果不尽如人意，两个红色一冷一暖，搭配在一起看起来不清爽（如1）。不妨尝试将朱红色变浅，成为浅红色再与玫瑰红搭配，效果就会好转（如3）；或者将玫瑰红变深，成为深酒红色再与朱红色搭配，效果也很不错（如2）。

相邻色搭配建议——冷浅型达人

相邻色搭配建议——冷深型达人

相邻色搭配建议——冷暖全色型达人

相邻色搭配建议——暖浅型达人

相邻色搭配建议——暖艳型达人

相邻色搭配建议——暖深型达人

B 同色搭配

如果我们从帽子到围巾、衣服、裤子……全都用一种颜色，固然和谐，但也难免乏味。

找一个颜色，用和它相同色系但深浅不同的颜色来搭配，比如：深红和浅红色、橘色和棕色、米色和咖啡色、浅绿色和橄榄绿色。效果怎样呢？

从头到脚的毫无差异的同色搭配　　　　　　　　　有深浅差异的同色搭配

同色搭配的要诀：色彩与色彩之间要有深浅差异，也可以是浓淡差异（艳丽与淡雅），为整体搭配增加更多的层次感。

同色搭配的效果：看起来和谐雅致，视觉效果协调统一，主色调鲜明。越是在着装上"趋同"，越是可以选择同色搭配法。

我们在色相环中选择10号色品红，添加白色、黑色后变成不同深浅的红色，从中任选三个、四个，或更多种色彩，组成具有丰富色差的同色搭配，你会发现，整体效果就像水墨画的精髓"墨分五色"那样，层次鲜明、和谐柔美。

同色搭配，全名为"同一色相搭配"。靳羽西女士提出的"色彩延伸理论"（Color Extension Theory）就是把同色系搭配发挥到了极致。

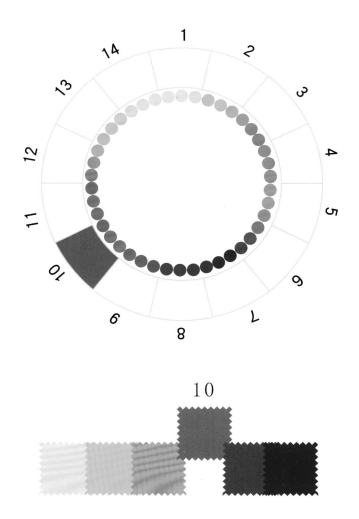

同色搭配建议——冷色方案

同色搭配的细节要因人而异，要想让服装的搭配适合你，首先要选适合你的颜色，所以，千万别忘了考虑测色结果。我用玫瑰红色（色相环9号色）作为冷色例子，配合第3章"测色"时的分类详细说明：

冷浅型达人要特别注意选择浅淡的冷色搭配在面部附近，应选择1号配色方案；

冷深型达人要将饱满鲜艳的冷色用在上装，选择3号配色方案，深色上衣也可以2号配色图示；

冷暖全色型达人，可以选择下图中的1、2号配色，一定不要让那些鲜艳的冷色距离你的面部太近，所以不选3号。

1   2   3

更多冷色调的同色搭配案例

同色搭配建议——暖色方案

我再以橙味红（色相环11号色）作为暖色的例子，作为对你的强化训练。

暖浅型达人，要特别注意选择浅淡的暖色搭配在面部附近，应该选择1号配色方案；

暖艳型达人，要穿着高纯度的鲜艳暖色上衣，选择2号配色方案；

暖深型达人，面部周围要选择深色的衣饰搭配，选择3号配色方案；

冷暖全色型达人，可以选择下图中的1、3号配色，同样不能让那些鲜艳的暖色距离你的面部太近，所以不选2号。

更多暖色调的同色搭配案例

C 补色搭配

在色相环中，两个相对的色彩，即180°对角线连接的两个颜色，称为"补色"，它们的搭配就是"补色搭配"。红与绿、黄与紫、橙与蓝，就是我们最常见的补色搭配。

补色搭配能使色彩之间的对比效果达到最强烈的视觉刺激，引起视觉重视，配色效果鲜明。舞美设计中，为了使舞台上的人物形象足够鲜明醒目，经常应用补色搭配获得戏剧效果。在日常生活中，因为大多数人还是期待形象更合群、趋同，所以民间才会有"红配绿，丑到哭；黄配紫，不如死"的俗语，这都是为了避免服装搭配太抢眼刺激，招惹非议。

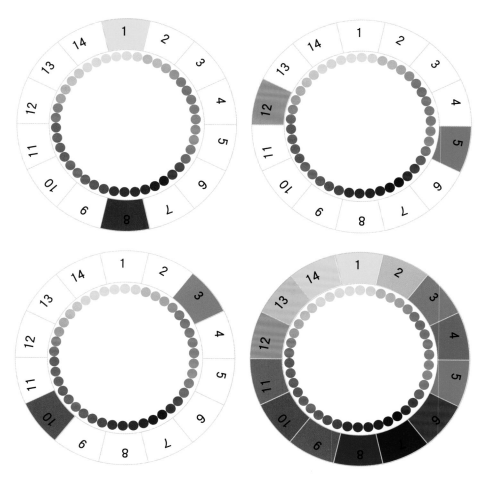

从事时尚和艺术工作的人越来越多，用服饰彰显个性的也大有人在。补色搭配在这些人中颇有大行其道的趋势。原因很简单，如果内心渴求与众不同，任何单色、邻色搭配都不如被大众避之不及的补色搭配独特、张扬。如果能够成功搭配出让大众认可的效果，对他们来说是件有趣的、极具挑战性的事情。

德国色彩学家伊顿认为，补色搭配的规则是色彩和谐布局，遵守这种规则会在视觉中建立一种精神的平衡。由此可见，和谐的布局是完成补色搭配传递美的重点。

补色搭配的要诀：能够形成和谐美的补色搭配方案有很多，这里讲四种简单易学的方法。

第一要诀：将补色加白变浅形成浅淡的和谐；

第二要诀：将补色加黑变深，降低色彩的活跃性，两个补色看起来沉稳协调；

第三要诀：有主色和点缀色的概念，形成不均等面积布局，大面积的色彩和小面积的色彩会产生主色调的和谐感，这种色彩搭配可以选择最鲜艳的补色搭配；

第四要诀：两个补色搭配时，再添加任意无彩色，例如红衣绿裤添加黑色外套或者白色打底衫。

补色搭配的效果：搭配效果鲜明强烈，非常醒目，能在人群中脱颖而出，紧紧抓住人们的眼球。

补色搭配的禁忌：禁忌的"红衣绿裤"搭配，是指两个补色分别用在上衣下装，面积大小对等，面料是没有图案的单色并且颜色鲜艳夺目。

补色搭配建议——浅淡的和谐

以红与绿、橙与蓝为例，将补色加白变浅，淡化色彩的明度，形成浅淡的补色搭配，即便两补色的面积相等，也很和谐。

适合冷暖全色型和暖浅型达人穿着

补色搭配建议——沉稳的协调

以红与绿、橙与蓝为例，将补色加黑变深，降低色彩的活跃性，形成沉稳的补色搭配，即便两补色面积相等，也很和谐。

加黑（颜色变深）

适合冷暖全色型和暖深型达人穿着

补色搭配建议——主色与点缀色搭配1

　　因为人的视觉对纯度较高的红色和黄色非常敏感，运用大量绿色或紫色为主色可以取得较好的视觉效果，小面积的红色或黄色作为点缀色可以减少视觉刺激。

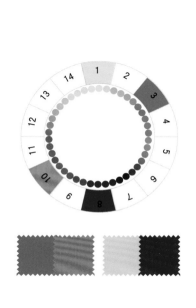

适合暖艳型和暖深型达人穿着　　　　适合冷深型达人穿着

补色搭配建议——主色与点缀色搭配2

在一些特殊情况下，如面料朴素粗糙无光泽，比如粗呢、棉麻等，以红色或黄色为主色的搭配或许可以考虑。

适合暖艳型达人穿着　　　　　适合冷浅型达人穿着

149

补色搭配建议——添加无彩色

　　红与绿、橙与蓝两种补色搭配时，用黑、白、灰无彩色作为第三种色彩加入，也可以让补色搭配实现和谐效果。有了第三种无彩色，可以让高纯度、等面积的补色搭配既鲜艳醒目又相得益彰。

适合冷浅型和冷深型
达人穿着

适合暖艳型和暖深型
达人穿着

适合冷暖全色型
达人穿着

D 无彩色搭配

整体形象顾问有一项服务叫作"衣橱打理"，就是帮助顾客将现有的服饰进行归类和搭配，去芜存菁，必要时再添置合适的衣服。我无数次地打开别人的衣橱，发现最多的色彩永远是黑色，其次是白色和灰色，用无彩色占据衣橱色彩九成天下的更是不乏其人。

可能是潜意识中的不安全感在作祟，穿衣服拿不准颜色时，就觉得求助于这三个无彩色一定不会出错。这个观点绝对正确。流行T台上永远不会少了"黑白灰"，它们是永恒的流行色。但是，常穿不等于会穿，普及不等于简单，无彩色的搭配误区还真不少！要想常用常新更是难得。

齐白石的虾、张大千的山水，仅用黑白灰就能尽显功力。这说明灰色变化丰富，是个大家族。"墨分五色"中"五"只是概数，实指"很多"。灰色是非常含蓄内敛的颜色，男女皆宜，是典型的中性色。

灰色的搭配要诀：长时间注视灰色会麻木消沉，因此衣饰搭配不宜以灰色为主色。但还是那句老话"艺术没有不能"，如果一定要尝试大面积灰色的搭配，可选择有光泽或金属质感的面料，也可以在面料上镶嵌闪亮的金属片和小珠子，增加灰色的活力；如果是花纹图案的灰色服装，也要注意面料质感。我先简单地将灰色分为浅灰、中灰、深灰三种。

黑色与白色的搭配要诀：黑白搭配是无彩色中的最佳组合，但千万不要一件白衬衫加一条黑裙子，尤其是刚刚步入职场的新职员——上下五五开的搭配会让上司对你熟视无睹。正确的做法是：明确全身的搭配是以庄重的黑色调为主，还是以轻盈的白色调为主；在黑白两色中选出一个主色大面积使用，另一个颜色作为点缀。即便有黑白图案的服装，搭配也要有主次之分。

151

黑+灰的搭配要诀

以黑色为主色调，灰色为辅助色。其中黑配浅灰、黑配中灰都很好，但是黑配深灰，就太过压抑沉闷，一定要有第三个颜色，例如：黑+深灰+辣椒红（白色、湖蓝、紫罗兰、橘红）。在六个色彩类型中，最适合黑灰配的是冷深型达人，选择深浅适中的灰色最佳。

✗ ✓ ✓

灰+白的搭配要诀

灰白配最能展现优雅含蓄的魅力，白与中灰、深灰的搭配非常受欢迎，其中白+浅灰的搭配要特别注意，太过浅淡的灰和白搭配，会使白显得不干净，也需要再添加第三个颜色。最适合灰白配的是冷暖全色型达人，白和深灰的搭配适合冷浅型达人。

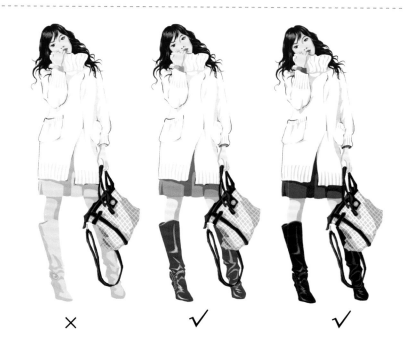

✗ ✓ ✓

152

E 有彩色与无彩色搭配

　　无彩色+有彩色的搭配也是让很多人喜爱的搭配方案，被称为韩国的凯特·莫斯(Kate Moss)的超模张允柱，最常穿的衣服就是那些以黑色和白色作为基准、延伸出各种灰色和水洗过感觉的颜色，因为这类搭配既有视觉变化，又不失沉稳和谐的效果。其中被人熟知的就是黑红配、蓝白配、黄灰配。

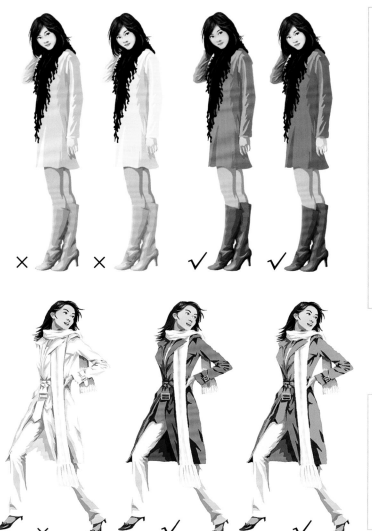

有彩色 + 黑的搭配要诀

黑色可以与色相环中所有鲜艳夺目的色彩搭配，也可以和所有深色搭配；不过黑色要尽可能避免与所有浅淡的颜色搭配，因为黑色会令那些色彩显得浑浊。

黑色与淡黄色尽量不做搭配，如果是件有黄黑图案的花色洋装（即连衣裙或者套裙）就没问题，因为黄黑两色的搭配问题已经被专业的图案设计师解决了，无论是单穿还是再添加其他黑色或黄色的衣服来呼应都没问题。其他浅色衣饰想实现与黑色的搭配，也是一样的解决方案。

有彩色 + 白的搭配要诀

与黑色不同的是，白色几乎能与任何有彩色搭配，无论深浅；但有一个颜色要除外，那就是米色。米色与白色非常相似，这两个色彩搭配在一起会有衣服没洗净的感觉。

有彩色＋灰的搭配要诀

真正能实现与全部有彩色搭配的，只有灰色。因为它是最彻底的中性色，非常温和，能与所有色彩和谐相处。

中国人的衣橱中灰色并不常见，因为灰色对肤色非常挑剔，黄皮肤的中国人中能把灰色穿好看的并不多。恭喜冷暖全色型达人，你适合所有灰度的灰色！

多色搭配要诀

超过三种的多色搭配要注意：有彩色有很多种时，只选择一种无彩色点缀；无彩色有很多种时，只选择一种有彩色点缀。

F 中性色搭配（常用百搭色）

经典的"牛仔蓝"能在全球范围内历经百年依然盛行，除了面料的实用性，它中性色特征极强的柔和深蓝色功不可没，牛仔蓝几乎能包容所有其他色彩。第1章"识色"曾讲过，除了无彩色，还有很多色彩可以担当百搭色，比如低纯度色彩加无彩色的中性色，以及那些低纯度的色彩，它们不鲜艳，色相含糊，与黑白灰近似但属于有彩色。常用的衣着中性色除了无彩色，还有：米色、卡其色、驼色、褐色、茶色、棕色、咖啡色、深蓝色、茄紫色、靛蓝色、藏青色。

不妨现在就看看自己身上有没有中性色？我相信一定有。中性色的运用广泛，谁都离不开。几乎所有服装店里50%以上的服装都是中性色，休闲服饰、牛仔、男装品牌里，90%以上的服装都是中性色。ZARA、TOUGH JEANS、G-STAR、JEEP等品牌占据最高销量的永远是中性色。即使在童装店里，也有由淡粉红和淡粉蓝充当的中性色。

中性色长盛不衰是有原因的——它是最好搭配的色彩。它们与黑白灰一样可以与许多颜色搭配，尤其搭配艳丽色彩时，更是最佳配角。中性色优雅含蓄，看起来低调却不失品位，颇受理性人群钟爱，是表达内在气质和知性美的最佳衣着色彩。

中性色的搭配要诀：无论搭配中使用了多少个中性色，尽量增加一两个鲜明的色彩作为点缀色，面积不能太大。如果只有一个点缀色，那一定要在搭配中出现两次以上，用首饰、鞋包、丝巾、腰带或鞋子完成点缀色的两两呼应。

中性色的搭配效果：和谐统一而不失变化的悦目效果，与邻色搭配一样，理性和感性的朋友都能接受，迎合了大多数人的欣赏口味。

中性色的搭配禁忌：在中性色+中性色的搭配中，如果这些中性色的深浅很相似，且没有鲜明的点缀色出现，那么再多的中性色搭配都会觉得无味。

中性色搭配建议
冷浅型达人

适合冷浅型达人的中性色除了
无彩色白色、浅灰色、黑色，
还有深蓝色、茄紫色、靛蓝
色、藏青色。

中性色搭配建议
冷深型达人

适合冷深型达人的中性色除
了无彩色白色、中灰色、深
灰色、黑色，还有深蓝色、
茄紫色、靛蓝色、藏青色、
深酒红。

中性色搭配建议
冷暖全色型达人

能想到的全部的中性色都适合你，"少则有，多则无"，太多的中性色反而带来迷茫。除了无彩色之外，中性色搭配还要注意暖色中性色与暖色搭配，冷色中性色与冷色搭配，例如：深蓝色应与蓝色和紫色搭配，米色、卡其色、驼色、褐色、棕色、咖啡色这类暖中性色与橙色类搭配。对于能适应所有中性色的冷暖全色型达人来说，这很重要。

中性色搭配建议
暖浅型达人

米色、卡其色、驼色、浅褐色、茶色、柔橄榄色、棕色、咖啡色都很适合，搭配时注意将浅色贴近面部。上面适合冷暖全色型达人的搭配案例中，去除第一个蓝色搭配，剩下的两个也同样适合暖浅型达人。

中性色搭配建议
暖艳型达人

适合暖艳型达人的中性色很多，有米白色、褐色、深茶色、棕色、咖啡色，搭配时注意将鲜艳的色彩贴近面部。别忘了黑红配是暖艳的最佳配色，还有黑绿配、棕绿配、米白和绿搭配、米白和鲜艳的石榴红搭配。

中性色搭配建议
暖深型达人

适合的暖深型达人的中性色有米色、深茶色、深橄榄色、深棕色、深咖啡色、藏蓝色。这些中性色宜搭配深樱桃红、砖红、深绿、秋叶橙色。

G 小小色相环 惊天大秘密

用色相环记忆法以专业的视角提炼搭配技巧，我有个朗朗上口的搭配口诀：

- 邻色搭配是经典
- 单色搭配找深浅
- 中性无色不出错
- 补色搭配最养眼

如果你依然对多色彩搭配感到茫然，那么"无彩色搭配"与"中性色搭配"无疑是你的福音。这些搭配能让你轻松应对多色多件的混搭问题。搭配本是件众口难调的事，贯穿始终的是搭配效果——先确认自己需要的搭配效果、风格后再寻找解决方案，这个顺序至关重要。世间有无数形态的风格，而人们只会记住那些不断寻找并拥有个人风格的人。

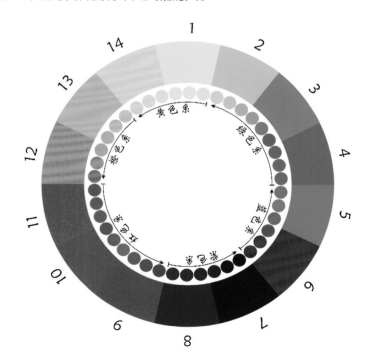

对于色彩，我们常常见异思迁。喜欢的颜色总是随着年龄、阅历、感受不断变化。有调查发现，一个人对颜色的偏好代表其性格和感情的色彩，所以我们常常不满足于自己的诊断色彩，期待拥有更多可以穿着的颜色。另外，现代人时常面对压力和挑战，在心情不好的时候换个颜色穿穿，新的颜色可以带给你新的信心和力量。这一章正是教你怎样实现百变百搭，让心仪已久的色彩上身。找对方法你可以随心所欲地穿着所有的色彩，百变色彩随心而动。

part 05

变色

变色彩换形象篇

01

主观色和客观色

Subjective and objective colors

第2章"测色"中，我为什么不厌其烦地说"不要让自己对颜色的喜好先入为主，千万别在测色前就说'这个颜色不好看'而认定它不适合自己"？因为这样的案例层出不穷。

比如你一直喜欢素雅柔和的色彩，可测试结果显示你是暖艳型达人，越是鲜艳越适合。在这样的情况下该怎么办呢？从前是"女为悦己者容"，现在是"女为悦己容"，我并不建议委屈自己而成全色彩诊断，如果自己穿着别扭不自在，那再正确的颜色、再漂亮的搭配也没有任何意义。

内心喜爱的色彩是主观色，与自然肤色搭配协调的色彩是客观色。主观色与客观色一致的话，就会给别人留下善穿衣、会打扮的印象，自己也会信心满满。对于色彩的容忍度，不同性格的人有所不同。有的人发现自己穿错了，立刻就能接受新的色彩；而有的人则放不下自己的偏好，难以接受经过测试得出的色彩分析。

如果你的主观色和客观色不同，又不愿屈就，那就要看场合了——若是居家休闲，那尽管穿你喜欢的颜色；如果是社交场合，还是应放下心仪的色彩，选择能提升肤色的"正确的"色彩。

对于衣着色彩，我也走了很多的弯路，曾经喜爱的紫色、蓝色、粉红色在第一次测色后，被完全否定了，取而代之的是温暖的橙色、红色、绿色。经过一番调整后，我开始尝试并渐渐喜欢上这些色彩，之后也确实为我的形象赢得了赞誉。后来，我成为职业形象顾问，大量的色彩测试经验让我看到了许多朋友美丽的蜕变过程，也看到了主观色和客观色不同者的遗憾表情。我相信"艺术没有不可能"，穿衣作为一门生活的艺术，不能停留在如此死板固化的模式中。经过多年的实践和总结，现在我终于能够告诉大家："你可以改变，可以穿上任何喜欢的色彩。"

02

百变色彩，随心而动

Wear whatever you like

季节更换，时尚流动，最潮的颜色频繁更换；岁月的流逝，年龄的改变，经历的积累让我们喜欢的色彩也不断变化。"见异思迁"用在穿衣色彩上绝对不是贬义，生活本该多元、丰富，用色彩换心情，无可非议！

那怎样才能穿好每一季的流行色，即使在测试结果中显示它并不是适合你的颜色？

A 改变面部色彩

有一次，我的工作室来了一位客人，通过测色，她获得了暖深型的色彩定位。当我把适合她的色布逐一展开的时候，她问道："为什么没有宝石蓝？每次公司有重要的活动时我都穿它，大家都说好看。"我听到后有点迷惑，她被归类为暖深型达人，肤色又暖又深，可宝石蓝是典型的冷色，应该无缘才对啊！

我想了想，问："那你每次穿宝石蓝的时候化妆吗？""当然啦，我平时都不穿的，因为不化妆时穿就显得脸色特别不好。"

　　这就是原因！我像发现了新大陆一样，约她第二天带上化妆品再次测色。果真，用了一款自然色的调肤粉底液后，她肤色中的黄色调减少了，利用色彩工具重新测试，她果真从暖深变成了冷深——不仅可以穿宝石蓝，还可以穿很多深浅的紫色和玫瑰红。她竟然在无意识的状态下，利用粉底奇迹般地跨越了暖！

　　这就是为什么在测色部分我特别提到过，并不是素颜测色最准，而是最常态测出的才最准，换不同粉底的时候最好也再测一次。一瓶粉底霜，竟然可以对你的颜色有如此之大的影响，你应该也会很兴奋吧！原来适合的色彩可以轻易改变或者添加。

B 改变发色

　　头发的色彩也会影响到你适合的色彩，即使是相同肤色，在发色冷暖改变之后，适合的穿衣色彩也会有相应的改变。

C 改变眼影及唇膏色彩

　　我的形象培训班上，常会有原本已经很优秀的化妆师为提升来听课。他们的工作室里常常遇到客人拿着准备好的服装来化妆，但带来的衣服的色彩未必适合她们。化妆师最常用的技巧就是将服装的色彩鲜明地用在眼影上，再用唇膏和它呼应。化妆师利用眼影色与服装色的遥相呼应，成功实现了面部色彩与服装色彩的平衡。这与蓝色眼睛的欧洲人穿一袭亮丽蓝色晚礼服艳压群芳的道理一样。

　　一切迎刃而解。一直以来，研究适合的衣着色彩所参照的都是面部人体色，其实只要改变这些面部色就可以改变适合的衣着色彩，下面我们就一起进入变色的行动中吧！

03

冷浅型达人的变色方案

Change plan of the cold-slight

A 冷浅变冷暖全色

冷暖全色型达人可驾驭的色彩非常多，所以也被誉为"梦幻色彩达人"，成为这一类型也是许多人的梦想。冷浅型达人的肤色比冷暖型达人的肤色白皙，所以这种改变非常容易，成功的概率更是百分之百。

不仅可以穿冷浅的冷色，又加了许多暖色。

改变前

改变后

调整位置	目的	色彩建议	允许度
发色	冷发色改为暖发色	棕色系、黄橙色系等其他暖色	必须
肤色	换暖调的粉底液	米黄色、象牙白色等其他暖色	必须
眼影	换暖色调眼影	浅橙色系、咖啡色系等其他暖色	可选
两颊	更换暖色腮红	胭脂红、桃红等其他暖色	可选
唇色	冷唇色的朋友，换暖色唇膏	珊瑚红、桃红、橙色等其他暖色	必须
眼镜	戴眼镜的朋友，将冷色眼镜框换成中性色	棕色、米色、珊瑚色、桃红色等其他暖色	必须
化妆说明	淡妆就可以改变成功		

B 冷浅变暖浅

　　虽说这两个类型跨越冷暖，但是因为冷浅和暖浅都是肤色白皙的人群，所以改变同样容易，并且成功概率也是百分之百。只是化妆箱和发色要大换血了，并且渴望这次改变的人不是很多，大概都去变冷暖全色了，毕竟冷暖全色也能实现穿暖色的愿望！

放弃了冷浅色，改变为暖浅色，由冷色彻底变暖色。

| 改变前 | 改变后 |

调整位置	目的	色彩建议	允许度
发色	冷发色改为暖发色	棕色系、黄橙色系等其他暖色	必须
肤色	换暖调的粉底液	米黄色、象牙白色等其他暖色	必须
眼影	换暖色调眼影	浅橙色系、咖啡色系等其他暖色	可选
两颊	更换暖色腮红	胭脂红、桃红等其他暖色	必须
唇色	冷唇色的朋友，换暖色唇膏	珊瑚红、桃红、橙色等其他暖色	必须
眼镜	戴眼镜的朋友，将冷色眼镜框换成暖色	棕色、米色、珊瑚色、桃红色等其他暖色	必须
化妆说明	淡妆就可以改变成功		

C 冷浅变冷深

　　同属冷色系的冷浅变冷深最容易，甚至你的发色和化妆品都不必动，只需有一个精致艳丽的妆容即可，成功的概率也是百分之百。

不仅可以穿冷浅的色彩，又增加了鲜艳的冷深色。

改变前　　　　　　　　　　　改变后

调整位置	目的	色彩建议	允许度
眼影	换鲜艳的冷色眼影	深紫色、深蓝色等其他冷深色彩	必须
两颊	腮红不必更换	刷浓艳些	必须
化妆说明	一定要精心打粉底、眼影、唇膏、睫毛膏、腮红的靓妆才可以变身成功		

04

冷深型达人的变色方案

Change plan of the cold-dark

冷深变冷浅

冷深型达人的变色方案确实不多，容易变色为同属冷调的冷浅类型。方法很简单，你的化妆品几乎不用换，发色也不必改动，着重调整肤色，打一个通透干净的面部底妆就可以了。

不仅可以穿冷深色，又增加了许多冷浅色。

改变前　　　　　　　　改变后

调整位置	目的	色彩建议	允许度
肤色	提升肤质	用隔离霜、粉底液和遮瑕膏将面部的暗沉、红颊、痘痘、色斑都遮盖住	必须
化妆说明	淡妆就可以改变成功		

05

暖浅型达人的变色方案

Change plan of the warm-slight

暖浅变暖艳

　　暖浅型达人变暖艳型会比较容易，不需要更换手中的化妆品，发色染成深暖色，画明艳的妆容即可。变色的成功概率是百分之百。

变为暖艳型达人后，你不仅可以穿着暖浅色，还可以穿艳丽的暖艳色彩。

| 改变前 | 改变后 |

调整位置	目的	色彩建议	允许度
眼影	添加暖艳色眼影	金色系等其他中性色	可选
化妆说明	一定要精心打粉底、眼影、唇膏、睫毛膏、腮红的靓妆才可以变身成功		

169

06

暖艳型达人的变色方案

Change plan of the warm-bright

A 暖艳变暖浅

这两个类型虽然离得很近，并且都是暖色系的，但是变起来却不容易，因为暖艳的肤色比暖浅深，依靠粉底液提高肤色明度是有限的，但是浅一号的粉底液是必换的，每天都需要精心打粉底。

不仅可以穿暖艳的色彩，又增加了暖浅的颜色。

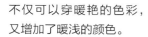

| 改变前 | 改变后 |

调整位置	目的	色彩建议	允许度
肤色	提升肤质白皙度	米白色粉底液	必须
化妆说明	淡妆就可以改变成功		

B 暖艳变暖深

暖艳型达人变暖深是很容易的，粉底选深一个色号即可。变色的成功概率是百分之百。

不仅可以穿暖艳
的色彩，又增加
了暖深的颜色。

改变前 改变后

调整位置	目的		色彩建议	允许度
肤色	肤色调深		米色、自然色粉底液	必须
化妆说明	淡妆就可以改变成功			

07

暖深型达人的变色方案

Change plan of the warm-dark

暖深变暖艳

暖深变暖艳的成功概率也很高，无须更换发色，但粉底色要提高一个明度，并精心化妆。如果你的肤质不好或有色斑一定要善用遮瑕膏，提升肤质的光泽感。深肤色的变色空间较小，暖深只能改为暖艳。

不仅可以穿暖深的色彩，又增加了暖艳的颜色。

改变前

改变后

调整位置	目的	色彩建议	允许度
肤色	肤色调白	米色、自然色粉底液	必须
化妆说明	用紫色隔离、粉底液和遮瑕膏打一个通透的肤质，再加眼影、唇膏、睫毛膏、腮红就可以成功的变色		

08

冷暖全色型达人的变色方案

Change plan of the cold-and-warm

　　冷暖全色型达人还需要变色吗？虽然你能穿的颜色相当多，但是终究还有个别鲜艳的色彩不能穿。想变成真正的全色类型，方法也很简单，就是画一个精致的妆容，其中用浅一号的粉底液为肤色打底很重要，眼影色用色再鲜艳些，那么所有颜色鲜艳的色彩你都可以轻松驾驭了。

不仅可以穿淡雅的色彩，还可以穿艳丽的色彩。

改变前

改变后

09

做个百变达人

To be a real trend expert

通过化妆这一"变色"的重要手段，无论你能变几种，可能还是会发现有很多颜色不适合穿。如果遇到特别情况一定要穿的话，最好请专业的化妆师来帮忙。

结婚时新娘都会拍婚纱照，挑选洁白的婚纱时也要考虑色彩：暖肤色应选米白（浅香槟色），冷肤色则要选偏冷的纯白。如果你相中了款式，却发现不是你适合的白色，那该怎么办？

没有新娘会素面穿婚纱，化妆师可以帮你将脸色协调到最合适的状态——如果你是暖肤色，化妆师会将你的肤色变白去黄，纯白的冷色婚纱穿起来绝对没问题；如果是冷肤色，化妆师也会将你的肤色调成米色调，穿米白色婚纱更是不在话下。所以，美丽的新娘，你可以尽情地采购各种色彩的结婚礼服，因为还会有专业化妆师助你一臂之力。

只不过新娘妆通常要化好几个小时，日常妆容可没法接受。要做个百变达人，自己学习化妆是第一步。化妆不仅意味着让自己变得更加漂亮、自信，也是对他人的尊重。化妆是一项技巧，熟练掌握之后会带给你意想不到的收获。你可以选择做素颜的氧气美女，你也可以带着精致妆容，更自信地走在众目睽睽之下。

在影响衣着的三大元素色（色彩）、形（款式和体形）、质（材质）中，最能抓人眼球的"色"已经讲完，也许你还对自己的体形不满意，怎样才能做到扬长避短、凸显体形优势呢？如何通过最合适的面料衬出最美的自己呢？这些在"静老师形象提升系列"图书中都有答案，欢迎关注。

原 版 后 记

我常常思考：为什么现在人们越来越重视外表和穿着打扮，这个世界是在渐渐变得肤浅吗？

并不是这样。莎士比亚说"衣着是人的门面"。人类对美的认可永远是"秀外"加上"慧中"，外表直接反映了阶层、修养、气质、风格和审美趣味。特别是在现代都市里，人人都在喊"没时间"，为了节省沟通成本，得体的外表就显得弥足珍贵。

这些年我经常去大学讲授形象课程。我发现大学生们对形象逐渐重视起来，特别是大三、大四的学生。因为面临就业，面试者的形象也是招聘企业的考察要素。穿衣打扮是否得体，在一定程度上影响着能否获得一份心仪的工作。

很多渴望获得成功、赢得尊敬的人都重视衣着。得体的穿衣不仅可以帮你在事业上取得成功，同样能在生活中带给你无限的乐趣。衣着是一门生活的艺术，衣着可以帮你转换心情，也可以帮你传情达意。衣着有品，人也有品，衣品犹如人品，内外兼修浑然天成。

通过整理教案，我将多年积累色彩工作经验编成了这本实用、易操作的指南图书。

希望这本书让你对色彩多些了解，对"穿衣这件事"有更多的兴趣，爱上色彩，爱上美丽的自己，从慧眼识色到详细测色，再到测色后的善用配色，最后到色随心动的百变色彩，走进"人穿色"而非"色穿人"的新境界！

在此，我要感谢北京典雅静界形象顾问管理学院的阳光老师，感谢出任书中模特的婉蓉、颜熙、茗涵、项菲、彦斐，以及为书中模特化妆的化妆师李霞，感谢你们在写作期间给予我全力支持。

我还要感谢可爱的学生和许多热爱美丽的人，没有你们就没有这本书！

特别感谢漓江出版社的符红霞副总编及本书的责任编辑白兰、张芳，以及乌玛和设计师黄政、插画师王宁，还有很多我甚至不知道姓名的人。谢谢大家的付出，谢谢你们陪我走过这段忙碌而充满温馨的日子，是你们让我的生活充满美丽的色彩！

图书在版编目(CIP)数据

选对色彩穿对衣 : 珍藏版 / 王静著. –– 桂林 : 漓江出版社, 2018.6（2024.3重印）
ISBN 978-7-5407-8373-0

Ⅰ . ①选… Ⅱ . ①王… Ⅲ . ①服饰美学 – 通俗读物 Ⅳ . ①TS941.11-49

中国版本图书馆CIP数据核字(2017)第331300号

选对色彩穿对衣（珍藏版） Xuandui Secai Chuandui Yi（Zhencang Ban）

作　　者　王　静
插　　图　王　静　王　宁
摄　　影　张春华　董家彤

出 版 人　刘迪才
策划编辑　符红霞
责任编辑　符红霞　赵卫平
封面设计　孙阳阳
版式设计制作　夏天工作室
责任监印　黄菲菲

出版发行　漓江出版社
社　　址　广西桂林市南环路22号
邮　　编　541002
发行电话　010-85891290　　0773-2582200
邮购热线　0773-2582200
网　　址　www.lijiangbooks.com
微信公众号　lijiangpress

印　　制　三河市中晟雅豪印务有限公司
开　　本　889 mm × 1119 mm　　1/20
印　　张　9
字　　数　136千字
版　　次　2018年6月第1版
印　　次　2024年3月第4次印刷
书　　号　ISBN 978-7-5407-8373-0
定　　价　68.00元

好书推荐

《女人30⁺——30⁺女人的心灵能量》

（珍藏版）

金韵蓉/著

畅销20万册的女性心灵经典。

献给20岁：对年龄的恐惧变成憧憬。

献给30岁：于迷茫中找到美丽的方向。

《女人40⁺——40⁺女人的心灵能量》

（珍藏版）

金韵蓉/著

畅销10万册的女性心灵经典。

不吓唬自己，不如临大敌，

不对号入座，不坐以待毙。

《点亮巴黎的女人们》

[澳]露辛达·霍德夫斯/著　祁怡玮/译

她们活在几百年前，也活在当下。走近她们，在非凡的自由、爱与欢愉中点亮自己。

《像爱奢侈品一样爱自己》（珍藏版)

徐巍/著

时尚主编写给女孩的心灵硫酸。

与冯唐、蔡康永、张德芬、廖一梅、张艾嘉等深度对话，分享爱情观、人生观！

《优雅是一种选择》（珍藏版)

徐俐/著

《中国新闻》资深主播的人生随笔。

一种可触的美好，一种诗意的栖息。

《时尚简史》

[法]多米尼克·古维烈/著　治棋/译

流行趋势研究专家精彩"爆料"。

一本有趣的时尚传记，一本关于审美潮流与女性独立的回顾与思考之书。

好书推荐

《中国淑女（珍藏版）》

靳羽西/著

现代女性的枕边书。

优雅一生的淑女养成法则，活出漂亮的自己。

《中国绅士（珍藏版）》

靳羽西/著

男士必藏的绅士风度指导书。

时尚领袖的绅士修炼法则，让你轻松去赢。

《我减掉了五十斤——心理咨询师亲身实践的心理减肥法》

徐徐/著

"很好看"的减肥书，不仅提供方法，更提供动力和能量。

"很好用"的励志书，从减肥入手——让身体轻盈下去、让灵魂丰满起来。

这不仅是一本减肥指导手册，更是一本借着减肥谈心灵成长的自白书。让更多被肥胖困扰，陷在旧日伤痛中不能自拔的人，看见一线生机。